Richa Singh
R. P. Sahu
Neelam Singh

Um estudo abrangente sobre o desempenho de variedades de trigo

Richa Singh
R. P. Sahu
Neelam Singh

Um estudo abrangente sobre o desempenho de variedades de trigo

"Nutrir a terra: Uma Viagem às Práticas de Cultivo de Trigo Biológico"

ScienciaScripts

Imprint

Any brand names and product names mentioned in this book are subject to trademark, brand or patent protection and are trademarks or registered trademarks of their respective holders. The use of brand names, product names, common names, trade names, product descriptions etc. even without a particular marking in this work is in no way to be construed to mean that such names may be regarded as unrestricted in respect of trademark and brand protection legislation and could thus be used by anyone.

Cover image: www.ingimage.com

This book is a translation from the original published under ISBN 978-620-7-45431-0.

Publisher:
Sciencia Scripts
is a trademark of
Dodo Books Indian Ocean Ltd. and OmniScriptum S.R.L publishing group

120 High Road, East Finchley, London, N2 9ED, United Kingdom
Str. Armeneasca 28/1, office 1, Chisinau MD-2012, Republic of Moldova, Europe
Printed at: see last page
ISBN: 978-620-8-02977-7

Conteúdo

RECONHECIMENTO

A gratidão não pode ser vista ou expressa; só pode ser sentida no coração e está para além de qualquer descrição. Embora o agradecimento seja uma expressão da profunda dívida de gratidão que se sente, não há melhor forma de o expressar. Este reconhecimento é apenas um lembrete de que as pessoas que colaboraram e me ajudaram nesta viagem nunca serão esquecidas. É com imenso prazer que exprimo os meus profundos cumprimentos e o meu profundo sentimento de gratidão ao presidente do meu comité consultivo, Dr. Rrajendra Prasad Sahu, Cientista, Departamento de Agronomia, Jawaharlal Nehru Krishi Vishwa Vidyalaya, Jabalpur, pela sua amável iniciação, pela sua postura encorajadora e encorajadora, pela sua incessante tolerância, pelo seu contínuo encorajamento, pela sua orientação inspiradora, pelas suas críticas construtivas, pela sua agradável discussão e pelo seu comportamento amigável durante toda a investigação e preparação deste manuscrito.

Estou sinceramente grato e em dívida para com todos os membros respeitados do meu comité consultivo, Dr. P.B. Sharma, Professor e Diretor do Departamento de Agronomia, Dr. A. S. Gontia, Professor e Diretor do Departamento de Fisiologia Vegetal, Dr. H.L. Sharma, Professor e Diretor do Departamento de Matemática e Estatística, Faculdade de Agricultura, JNKVV, Jabalpur, pela sua ajuda e sugestões valiosas durante a investigação e preparação deste manuscrito.

Gostaria de transmitir os meus sinceros cumprimentos ao Dr. P.B. Sharma, Professor e Diretor do Departamento de Agronomia, pela orientação e por toda a ajuda necessária durante o decurso desta investigação.

Os meus sinceros agradecimentos e gratidão a todos os professores Dr. M.L. Kewat, Dr. K.K. Agrawal, Dr. S.B. Agarawl, Dr. Anay Rawat, Dr. Amit Jha, Dr. Arti Shrivastava, Dr. J.K. Sharma, Dr. S.K. Vishwakarma e ao pessoal do Departamento de Agronomia pelas suas valiosas sugestões e pela sua amável ajuda.

Aproveito também a oportunidade para agradecer ao Dr. P.K. Bisen, Hon'ble Vice-Chanceler, ao Dr. D. Khare, Reitor da Faculdade de Agricultura, ao Dr. G.K. Koutu, Diretor dos Serviços de Investigação, ao Dr. Abhishek Shukla, Diretor de Instrução, ao Dr. D.P. Sharma, Diretor dos Serviços de Extensão e ao Dr. Sharad Tiwari, Reitor da Faculdade de Agriculture, JNKVV, Jabalpur, por ter fornecido as instalações necessárias durante o inquérito.

Nunca esquecerei aqueles que me deram a chave para abrir o tesouro do conhecimento. As palavras do meu vocabulário são demasiado escassas e inadequadas para exprimir os meus sentimentos mais íntimos e o meu sincero apreço por todos os meus superiores e amigos, especialmente Alok Tiwari Sir, Akanksha Singh Uikey, Akash Patel, Aparna Sharma, Deepali Vishwakarma, Hemant, Kirti Ahirwar, Shaifali Jain e Vinay Sahu, pela sua ajuda e cooperação.

Apresento os meus sinceros e humildes cumprimentos aos membros da minha família, do fundo do meu coração. Expresso a minha especial gratidão e afeto pelo meu pai, Shri Rajendra Singh, e pela minha adorável mãe, Smt. Lalita Thakur, de quem recebo todo o tipo de apoio moral, encorajamento, bênçãos constantes e intermináveis, inspirações e sacrifícios que me permitiram alcançar esta posição. As minhas palavras não deixam de reconhecer o amor e o afeto das minhas irmãs Shikha e Sakshi pela sua inspiração e confiança que me permitiram embarcar numa aventura educativa desafiante e gratificante.

Estou muito grato à Jawaharlal Nehru Krishi Vishwa Vidyalaya Jabalpur por ter disponibilizado as instalações necessárias para a realização da experiência. Estou grato a Umesh bhaiya, Ravi bhaiya e a todos os trabalhadores agrícolas e outro pessoal não docente da quinta JNKVV pela sua cooperação, encorajamento e ajuda durante o curso da minha investigação.

Acima de tudo, inclino a minha cabeça e ofereço a minha sincera devoção ao Todo-Poderoso que me permitiu concluir esta tese para a obtenção do grau de Mestre em Ciências (M.Sc.) em Agronomia e que está sempre comigo para me guiar na direção certa.

Local: Jabalpur

Data: 2021   (Richa Singh)

CAPÍTULO 1

INTRODUÇÃO

O trigo (Triticum aestivum L.) pertence à família Poaceae, é a cultura alimentar de base mais importante do mundo, a seguir ao arroz, e desempenha um papel importante na economia mundial. É a segunda cultura cerealífera mais importante da Índia e desempenha um papel significativo na segurança alimentar e nutricional do país. Alimenta cerca de 35% da população mundial e contribui em quase 35% para o cabaz alimentar nacional (Sharma e Jain, 2004).

O trigo é uma refeição básica para quase 10 mil milhões de pessoas em 43 países (Ali et al. 2011). O trigo contribui mais para as necessidades nutricionais de um terço da população mundial como uma boa fonte de proteínas, minerais, vitaminas e fibras alimentares. O trigo fornece aproximadamente 55% dos hidratos de carbono e 20% das calorias da dieta. É composto por hidratos de carbono (78,10%), proteínas (14,70%), gorduras (2,10%), minerais (2,10%) e quantidades significativas de vitaminas, zinco e ferro. É também uma excelente fonte de oligoelementos como o selénio e o magnésio, que são componentes necessários para uma boa saúde (Kumar et al. 2011).

O trigo é cultivado globalmente numa área de cerca de 217,02 milhões de hectares, com uma produção de 766,5 milhões de toneladas (FAO, 2020). No ano de 2019-20, o trigo foi cultivado na Índia numa área de cerca de 31,45 milhões de hectares com a produção de 107,59 milhões de toneladas (IIWBR, 2020). É uma cultura importante da estação Rabi em Madhya Pradesh, cobrindo uma área de 10,02 milhões de hectares com a produção de 16,52 milhões de toneladas e produtividade de 3298 kg ha^{-1} (Departamento de Agricultura, MP, 2020).

Na Índia, a produção e a produtividade do trigo aumentaram drasticamente com o advento da Revolução Verde, principalmente devido à utilização de variedades de elevado rendimento, de doses elevadas de fertilizantes químicos, de pesticidas e de uma mecanização agrícola intensa, o que exerceu uma pressão sem precedentes sobre os nossos recursos naturais. (Charyulu e Biswas, 2010).

A utilização regular de fertilizantes químicos, agro-químicos e outras práticas era bastante exaustiva, resultando numa remoção de nutrientes muito superior à sua reposição, bem como no esgotamento das propriedades físicas, químicas e biológicas, o que prejudicava a fertilidade e a produtividade do solo. O carácter persistente dos resíduos nos produtos alimentares começou a colocar problemas para a saúde animal e humana. Além disso, os resíduos químicos prejudicam os micróbios benéficos do solo, a flora e a fauna, resultando na perda de fertilidade do solo (Meena et al. 2013 e Kumar e Bohra, 2006).

Consequentemente, as práticas agrícolas evoluíram nos últimos anos, tendo a agricultura biológica surgido como uma opção viável para a agricultura a longo prazo. O declínio da produtividade dos factores, as crises energéticas globais e um aumento significativo do preço dos fertilizantes sintéticos resultaram na atual ênfase na suplementação ou substituição dos fertilizantes inorgânicos por fontes de nutrição de baixo custo, como o composto orgânico e os estrumes (Prasad, 2005).

O cenário emergente exige a implementação de técnicas que preservem a saúde do solo, mantenham o sistema agrícola sustentável e forneçam alimentos de alta qualidade para satisfazer as necessidades nutricionais humanas. Existe uma procura significativa de produtos de alta qualidade e de alimentos produzidos segundo o modo de produção biológico no mercado mundial e a agricultura biológica em grande escala tem o potencial de capitalizar esta necessidade. A Índia é o país mais adequado para a agricultura biológica devido às suas diversas condições agro-climáticas e à sua biodiversidade agrícola. Os agricultores precisam de ser educados sobre os métodos científicos da agricultura biológica para que o seu rendimento aumente gradualmente (Stockdale et al. 2001).

Em 2017, a área cultivada com cereais biológicos no mundo foi de 4,5 milhões de hectares, equivalente a 0,6% da área total de cereais (718 milhões de hectares em 2016; FAOSTAT). O trigo é uma importante cultura biológica na Índia. No entanto, foram registadas reduções de rendimento de 20-40% na produção de trigo biológico em comparação com o trigo cultivado através de agricultura química. As cultivares modernas de alto rendimento que respondem bem aos factores de produção químicos podem não ser necessariamente adequadas para a agricultura biológica (Ceccarelli 1996 e Murphy et al. 2007). A produtividade do trigo é regulada por variedades melhoradas associadas a tecnologias de produção adequadas. A adequação das variedades a um determinado agro-clima é o fator determinante mais importante para atingir o seu rendimento potencial (Maqsood et al. 2014).

Existe um grau significativo de confusão em torno da seleção de uma variedade de cultura adequada para um rendimento elevado em agricultura biológica do que no caso da agricultura convencional. A seleção de uma variedade desempenha um papel crucial na agricultura biológica, uma vez que tem um efeito direto no rendimento e na economia de uma cultura do que na agricultura convencional (Revilla et al. 2008).

Os agricultores biológicos dependem fortemente das variedades desenvolvidas convencionalmente, mas para uma maior otimização da agricultura biológica, são necessárias variedades mais adequadas aos sistemas de agricultura biológica. Algumas caraterísticas associadas às variedades convencionais são incompatíveis com o sistema de agricultura biológica. Assim, a agricultura biológica requer variedades adaptadas às regiões, que se adaptem bem aos solos, ao clima e aos sistemas de produção regionais.

Porque a agricultura biológica dá maior importância à qualidade do produto, como o sabor, a cor, o conteúdo nutricional e o prazo de validade. Consequentemente, as cultivares existentes devem ser avaliadas quanto às caraterísticas específicas necessárias na agricultura biológica.

Assim, tendo em conta estes factos, foi realizada uma experiência na Instructional Research Farm, Krishi Nagar, JNKVV Jabalpur, no ano de 202021, na estação Rabi. A investigação intitulada **"Performance of different wheat varieties under organic nutrient management in Kymore Plateau and Satpura Hills Zone"** foi levada a cabo com os seguintes objectivos

1. Descobrir as variedades de trigo adequadas para a agricultura biológica / gestão biológica dos nutrientes
2. Avaliar os caracteres de crescimento e de rendimento de diferentes variedades de trigo em sistema de agricultura biológica / gestão biológica de nutrientes
3. Aferir os parâmetros de qualidade de diferentes variedades de trigo
4. Determinar os custos económicos dos tratamentos

CAPÍTULO 2

REVISÃO DA LITERATURA

A agricultura química intensiva moderna garantiu a segurança alimentar da população atual do país, mas parece difícil torná-la sustentável no futuro devido à degradação dos solos, às perturbações ecológicas e à deterioração da qualidade dos produtos agrícolas. Nestas condições, a agricultura biológica parece ser mais adequada, porque tem em conta aspectos importantes como a sustentabilidade dos recursos naturais, a qualidade dos grãos alimentares e o ambiente. A literatura disponível sobre estes aspectos relacionados com as propriedades químicas do solo, o crescimento e os componentes do rendimento foi revista criticamente e elucidada neste capítulo.

2.1 Desempenho de variedades sob gestão orgânica de nutrientes

Lal (1984) efectuou uma experiência de campo em Nova Deli com variedades anãs de trigo duro e de trigo aestivum e observou que o DWL 5023, um trigo duro, deu o maior rendimento de grãos (45 q ha^{-1}), que foi consideravelmente superior às variedades. A Raj 1482 foi a segunda melhor variedade, estando estatisticamente ao mesmo nível que a variedade HD 2285. A CPAN 1976 registou o rendimento de grãos mais baixo (37 q ha^{-1}).

Ramesh et al. (2005), em Bhopal, estudaram diferentes variedades de trigo sob fontes orgânicas e químicas de nutrição e referiram que a variedade GW 322 de trigo para pão registou um rendimento de grãos significativamente mais elevado do que as outras variedades, independentemente das fontes de nutrição.

Ceseviciene et al. (2009) verificaram uma influência acentuada de anos climáticos diferentes no rendimento do grão e nas caraterísticas de qualidade (teor de proteínas e de glúten, qualidade do glúten pelo índice de glúten, índice de sedimentação de acordo com Zeleny) de diferentes variedades de trigo de inverno. Quando as condições de crescimento foram bastante secas e mais quentes (em 2006), em comparação com a média a longo prazo, o rendimento do grão foi o mais baixo, mas a qualidade do grão foi a melhor e o grão da maioria das variedades de trigo de inverno cumpriu os requisitos estabelecidos para a panificação.

Khan et al. (2017) concluíram que a variedade Janbaz-2009 melhorou o rendimento e os componentes do rendimento, enquanto a Siran-2010 melhorou o teor de N dos grãos. A aplicação mista de magreza e ureia melhorou a produtividade das culturas, a fertilidade do solo e o teor de N dos grãos e da palha. Assim, as variedades de trigo Janbaz-2009 semeadas em mistura de FYM e ureia são recomendadas para cultivo geral nas condições agro-climáticas de Peshawar.

Sandhu e Dhaliwal (2017) observaram que o rendimento de grãos das variedades HD 3086, PBW 725 e WH 1150 era mais elevado devido ao maior número de perfilhos efectivos por unidade de área e ao maior número de grãos por cabeça de espiga da respectiva variedade. Estas variedades são mais adequadas para a zona (Muktsar Sahib (Punjab)), uma vez que foram menos afectadas pela salinidade.

Felendyn et al. (2018) relataram que diferentes caraterísticas morfológicas e parâmetros de copa influenciaram as habilidades competitivas das variedades de trigo de inverno. Um conjunto de variedades com a maior capacidade competitiva e o maior rendimento: Julius, Skagen, Sailor, Jantarka, Smuga foram estabelecidas como as mais adequadas para a agricultura biológica. Muszelka, Banderola, Bamberka e KWS Ozon foram caracterizadas pelas menores capacidades competitivas contra as ervas daninhas. Arkadia, Ostroga e espelta Rokosz foram as que produziram menos.

Kumar (2018), de Ranchi (Jharkhand), observou o desempenho de 12 variedades diferentes de trigo no sistema de cultivo de arroz-trigo em agricultura biológica e constatou que a variedade de trigo K 0307 registou o maior rendimento (31,56 q ha^{-1}) e atributos máximos de rendimento, nomeadamente, comprimento da espiga (9,20 cm), peso da espiga (2,50 g), número de grãos cheios por espiga (34,60) e número de espigas m^{-2} (336,67).

Nandeha et al. (2018) observaram o efeito de preparações bio-orgânicas (viz., BD-500, BD-501 e panchgavya) misturadas com vermicomposto no rendimento de quatro variedades de trigo Sharbati e mostraram que entre as diferentes variedades de trigo JW 3020 com valores superiores de atributos de rendimento viz, perfilhos m^{-2} (288,30), grãos por cabeça de espiga (28,71), peso de teste (35,6 g) e comprimento de espiga (7,40 cm) deram o maior rendimento de grãos (2846,21 kg ha^{-1}) e rendimento de palha (3492,21 kg ha^{-1}) em comparação com as outras variedades no sistema de produção orgânica.

2.2 Efeito da nutrição orgânica nos atributos de crescimento do trigo

Atiyeh et al. (2001) relataram que o vermicomposto, usado como parte do meio de cultivo de plantas em casa de vegetação ou como aditivo do solo, melhorou a germinação das sementes, o crescimento e desenvolvimento das plântulas e a produtividade geral das plantas. Isto deve-se ao facto de o vermicomposto conter substâncias promotoras do crescimento das plantas que promovem um melhor crescimento das plantas e aumentam a produtividade.

Kumar et al. (2004) referiram que a utilização de estrume orgânico e composto como fonte de nutrição aumenta significativamente a duração da área foliar do trigo quando comparada com o controlo.

Jain et al. (2014) efectuaram um estudo em que o Panchgavya e dois outros aditivos orgânicos (FYM e vermicomposto) foram misturados no solo para ver como as propriedades químicas e microbiológicas se alteravam. Quando comparado com o estrume de quintal (FYM) e o vermicomposto, o Panchgavya tinha um teor de nutrientes mais elevado. A aplicação de uma solução de 4% de Panchgavya a algumas plantas resultou numa altura de planta e num teor de clorofila superiores. Em comparação com a FYM e o vermicomposto, os solos tratados com Panchgavya tinham níveis mais elevados de macro e micronutrientes (zinco, cobre e manganês), bem como uma população microbiana mais elevada. O Panchgavya pode ser utilizado como um suplemento orgânico alternativo e económico na agricultura biológica.

Barlas et al. (2018) afirmaram que a utilização de vermicomposto como fonte de nutrientes nos meios de crescimento teve um impacto significativo na concentração de nutrientes das partes aéreas do trigo. Sugerem também que a utilização de vermicomposto na produção vegetal tem um papel vital como fonte de nutrientes para o crescimento e desenvolvimento das plantas.

2.3 Efeito da nutrição orgânica nos caracteres de rendimento e no rendimento do trigo

Lalitha et al. (2000) referiram que a aplicação de vermicomposto juntamente com vermiwash como fonte de insumo orgânico dá maiores rendimentos de grãos e palha, libertando nutrientes de forma controlada com a passagem do tempo e através da adição de citocininas, giberelinas e auxina.

Patil e Bhilare (2000) documentaram que a aplicação de vermicomposto preparado a partir de subprodutos da exploração agrícola (bagaço de lama de prensa, palha de trigo e FYM) juntamente com bagaço de lama de prensa 50% + FYM 50% registou a maior altura de planta (92 cm), número de perfilhos por planta (3) e rendimento de grão (39 q ha^{-1}) em trigo, em comparação com a aplicação única de vermicomposto.

Sushila e Gajendra (2000) descobriram que o uso de FYM à taxa de 10 t ha^{-1} resultou em um número significativamente maior de perfilhos totais, número de espigas, comprimento de espiga, grãos / espiga, peso de teste, rendimento de grãos, rendimento de palha e índice de colheita do que o uso de nenhum FYM.

Singh e Agarwal (2001), ao avaliarem o efeito do estrume de quintal (FYM; 0, 10, 20 e 30 t ha^{-1}) no crescimento e nos parâmetros de rendimento do trigo, concluíram que a altura das plantas, a acumulação de matéria seca, os perfilhos efectivos, os grãos por espiga, o grão, a palha e o rendimento biológico melhoraram significativamente com o aumento dos níveis de FYM até 20 t ha^{-1}, mas o efeito diminuiu com o aumento de FYM de 20 para 30 t ha^{-1}.

Singh e Kaur (2004) observaram que a aplicação de FYM não influenciou o rendimento de grãos, mas aumentou significativamente o rendimento biológico do trigo. A produção de palha de trigo aumentou 14,6% com a aplicação de FYM @ 15 t ha^{-1} em relação ao tratamento não tratado.

Hiltbrunner et al. (2005) relataram que a aplicação de FYM líquido @ 60 m^3 ha^{-1}, aumentou o rendimento do trigo de 3.725 para 4.765 Mg ha^{-1} e o conteúdo de proteína do grão de 12.0 para 12.5% sobre o controlo.

Singh e Singh (2005) constataram que, em comparação com a produção de trigo inorgânico, a utilização de adubos orgânicos aumentou o número de perfilhos efectivos, o peso do grão por cabeça de espiga e o rendimento biológico. O maior rendimento foi alcançado quando o vermicomposto foi aplicado a uma taxa de 15 t ha^{-1}. Os rendimentos do vermicomposto (10 t ha^{-1}) e FYM (15 t ha^{-1}) foram comparáveis. O incremento geral no rendimento económico foi de 29.9, 18.8, 35.4 e 45.2% devido à FYM a 15 t ha^{-1} e vermicomposto a 7.5, 10 e 15 t ha^{-1}, respetivamente, sobre fontes inorgânicas de nutrientes.

Chaturvedi (2006) registou que a altura máxima das plantas (91,9 cm), o número total de perfilhos m^{-2} (1798), o número de folhas m^{-2} (1070), o peso das folhas (275 g m^{-2}), o LAI (2.48), acúmulo de matéria seca (18,34 t ha^{-1}), número de grãos por espiga (47,5), peso do teste (45,2 g), rendimento de grãos (5,05 t ha^{-1}), rendimento de palha (7,0 t ha^{-1}) e absorção de NPK (49,3, 7,2 e 50.1 kg ha^{-1}), foram observados nas parcelas fornecidas com fósforo em combinação com bactérias solubilizadoras de fosfato (PSB) e estrume de curral, indicando que a aplicação combinada de fósforo e estrume de curral com bactérias solubilizadoras de fósforo teve um grau máximo de efeito no crescimento, rendimento, parâmetros de rendimento e absorção de nutrientes pelas plantas de trigo. Isto implica que há necessidade de aplicação de P em conjunto com solubilizadores e FYM no trigo.

Shah e Ahmad (2006) verificaram que o tratamento que recebeu azoto proveniente da ureia e da FYM na proporção de 3:1 produziu o maior rendimento biológico (10952 kg ha^{-1}), de palha (7710 kg ha^{-1}) e de grão (3242 kg ha^{-1}) de trigo. O tratamento que recebeu N de ambas as fontes em duas meias doses produziu o segundo maior rendimento.

Gopinath et al. (2008) verificaram que a aplicação de fontes orgânicas de nutrientes em doses equivalentes de azoto; registou-se um maior rendimento de grãos com a aplicação de estrume de quinta e a aplicação de vermicomposto em taxas iguais de azoto também produziu um rendimento de grãos semelhante ao do FYMC. Sugeriram que é necessário um período mínimo de transição de pelo menos dois anos para as culturas anuais antes de o produto poder ser certificado como produto biológico.

Ibrahim et al. (2008) observaram que, em comparação com parcelas fertilizadas inorganicamente, a aplicação de adubos orgânicos aumentou o rendimento do trigo e teve um efeito positivo, mas variável, no crescimento do trigo e nos caracteres que atribuem rendimento. Os resultados da experiência revelaram que a produtividade do trigo poderia ser grandemente aumentada através da utilização de diversos adubos orgânicos durante um período de tempo mais longo e através de uma abordagem integrada de fontes orgânicas e inorgânicas de nutrientes.

Sarwar et al. (2008) realizaram um ensaio utilizando composto, FYM e Sesbania como adubo verde para suplementação de nutrientes isoladamente e em conjunto com fertilizante sintético para culturas de arroz e trigo. O rendimento das culturas aumentou significativamente com a utilização de composto em combinação com fertilizante químico (3,94 t ha^{-1} para o arroz e 5,73 t ha^{-1} para o trigo), FYM (3,36 t ha^{-1} para o arroz e 4,38 t ha^{-1} para o trigo) e Sesbania como adubo verde (2,86 t ha^{-1} para o arroz e 3,50 t ha^{-1} para o trigo). Sugeriram que o composto provou ser superior ao estrume de curral, bem como ao adubo verde de Sesbania na experiência acima conduzida.

Shwetha (2008) registou um aumento significativo do índice de área foliar, da altura das plantas, do número de ramos por planta, da acumulação de matéria seca, do rendimento de grãos e de caracteres de rendimento, como o número de vagens por planta, com a aplicação de adubos orgânicos em adição a adubos orgânicos líquidos, nomeadamente beejamrit, jeevamrit e panchagavya, em comparação com a aplicação exclusiva de produtos orgânicos no sistema de cultivo soja-trigo.

Hammad et al. (2011) realizaram um ensaio para contemplar o impacto dos adubos orgânicos na produtividade do trigo. Foram utilizados cinco tipos diferentes de adubos orgânicos: composto de pátio (FYM), adubo verde (GM), lama de prensa (PM), cama de aves (PL) e lama de esgoto (SS). A quantidade de cada estrume utilizado foi de @ 10 t ha^{-1} . Foram preparados sete tratamentos com diferentes combinações de estrume juntamente com uma dose recomendada de fertilizante (150, 115, 60 kg ha^{-1} NPK respetivamente) e um tratamento não foi tratado. Os resultados indicaram que a combinação de PL+GM+SS, cada uma com 10 t ha^{-1} , deu o maior rendimento de grãos (3,65 t ha^{-1}), que foi 137% maior em comparação com o controlo. Eles também sugeriram que SS e PL cada um @ 10 t ha^{-1} seguido de adubação verde deve ser usado como uma fonte de adubo orgânico na produção de trigo.

Chondie (2015) descobriu que, com o início da monção, a incorporação de palha de mostarda indiana + FYM (1:1) e FYM a 10 t ha^{-1} no solo aumentou significativamente o rendimento de grãos de trigo em relação às parcelas não tratadas.

Desai et al. (2015) observaram que a utilização combinada de fertilizantes inorgânicos a taxas mais altas/baixas, juntamente com fontes orgânicas de nutrientes, como estrume de quinta, biofertilizante e enxofre, teve um efeito positivo em espigas por metro de comprimento de linha, comprimento de espiga, número de grãos por espiga e rendimento. No entanto, os parâmetros mais baixos de rendimento de grãos e de rendimento do trigo foram registados sob a dose recomendada de fertilizantes de fontes inorgânicas de nutrientes.

Hussain et al. (2016) verificaram que a inoculação de micorriza juntamente com vermicomposto a meia dose e a dose completa registou a maior absorção de azoto pelas plantas, o maior rendimento de palha, a máxima acumulação de matéria seca, o peso de 100 grãos e outros atributos de rendimento modificados. Aconselharam que a inoculação de micorriza com meia dose e dose completa de vermicomposto tem um bom potencial para aumentar o rendimento da cultura, os parâmetros de atribuição de rendimento e a absorção de nutrientes pela cultura do trigo nas condições ambientais e de solo existentes.

Hadis et al. (2018) descobriram que a aplicação de vermicomposto e fertilizantes NPK tem um efeito mais proeminente no rendimento e nos atributos de rendimento da cultura do trigo. A aplicação de vermicomposto @ 2, 4 e 6 t ha^{-1} aumentou o rendimento económico em 11, 17

e 26% em comparação com as parcelas não tratadas. A aplicação de vermicomposto @ 6 t ha⁻
¹ também teve um efeito distinto na absorção de nutrientes da cultura do trigo e resultou na
maior absorção de nutrientes e, além disso, também melhorou a absorção de grãos de N, P e K
em 51, 110 e 89% em relação ao controlo. Sugeriram que a cultura do trigo responde
significativamente a um nível mais elevado de aplicação de vermicomposto e de fertilizantes
NPK.

Jat et al. (2018) observaram que a aplicação de BD-FYM + vermicomposto + Panchgavya foi
estatisticamente igual à aplicação de BD-FYM + vermicomposto, registando um rendimento
económico e biológico significativamente mais elevado das diferentes culturas em estudo.
BD-FYM + vermicomposto + Panchgavya registou um aumento de 11,1, 8,80, 10,2, 6,50 e
33,7 % no rendimento de grãos e 9,40, 7,10, 11,8, 11,1 e 23,0 % no rendimento biológico de
arroz, trigo (único), milho, trigo (consorciado) e mostarda, respetivamente, em comparação
com FYM + vermicomposto.

2.4 Efeito da nutrição orgânica nos caracteres de qualidade das variedades de trigo

Bakshi et al. (1992) descobriram que a adição de FYM aumentou efetivamente o teor de
proteínas, o teor de glúten e o valor de sedimentação com uma frequência muito reduzida de
bagas amarelas e teor de cinzas da farinha na variedade de trigo PBW 154.

Fredrikssan et al. (1998) testaram as propriedades proteicas e de amido da farinha branca de
trigo de primavera e de inverno com níveis variáveis de fertilizantes orgânicos e ureia.
Observaram que não havia diferença significativa entre os fertilizantes orgânicos e
inorgânicos. Os grãos de trigo de explorações biológicas continham mais cinzas, mas tinham
índices de sedimentação mais baixos.

Kharub (2008) efectuou um estudo de campo para explorar a possibilidade de melhorar a
produtividade e a sustentabilidade do trigo (Triticum aestivum L. emend. Fiori & Paol.) e do
arroz basmati (Oryza sativa L.) através de fontes orgânicas. Os resultados obtidos mostraram
claramente que o teor de proteínas do trigo aumentava à medida que a dose de FYM era
aumentada, mas o teor de proteínas mais elevado (11- 24%) foi registado com fertilizantes
inorgânicos.

Konvalina et al. (2009) realizaram uma experiência para identificar diferenças na qualidade de
oito variedades e duas estirpes de trigo recomendadas em condições convencionais ou
biológicas. O estudo de correlação dos parâmetros qualitativos do trigo revelou uma relação
distinta entre o teor de proteína bruta, o teor de glúten húmido e o valor de sedimentação de
Zeleny. De acordo com os resultados dos testes, é adequado considerar o teor de proteínas e a
qualidade como critérios selecionados para a seleção de variedades. O nível de qualidade de
panificação nunca foi inferior ao das variedades de menor qualidade cultivadas nas mesmas
condições. Por outro lado, as variedades de maior qualidade forneceram grãos com maior
qualidade de panificação, mas com níveis de rendimento mais baixos do que as outras.

Davari et al. (2014) referiram que os efeitos cumulativos do estrume de quintal (FYM) e do
adubo verde (GM) foram mais eficazes do que os seus efeitos diretos e residuais. O GM foi
significativamente superior ao FYM para aumentar a produtividade, a absorção de nutrientes e
a qualidade dos grãos de trigo no sistema de cultivo arroz-trigo. Além disso, a inoculação de
biofertilizantes (B) com GM foi melhor do que o GM sozinho no seu efeito cumulativo. O
maior aumento na qualidade do grão foi registado com a aplicação de GM + FYM + B.

Kumar et al. (2018) avaliaram o desempenho agronómico e a qualidade do chapatti de
diferentes genótipos de trigo. A pontuação média de chapatti desses genótipos revelou que as
variedades altas tinham uma vantagem distinta sobre as outras e eram o melhor recurso

disponível para essa caraterística. O C 306 teve uma pontuação média elevada de 8,17 para o chapatti, seguido do C 518, C 591 e C 273. As variedades libertadas WG 357, HD 2733 e PBW 343 foram intermédias na qualidade do chapatti, enquanto os stocks genéticos WH1103 e WH 712 tiveram a pontuação mais baixa do grupo.

2.5 Efeito da nutrição biológica na economia do trigo

Singh e Rai (2007) explicaram que a aplicação de 50% de NPK através de fertilizantes + vermicomposto a 2,5 t ha^{-1} ou FYM a 5 t ha^{-1} resultou numa receita bruta do sistema consideravelmente maior do que 100% de NPK através de fertilizantes apenas e 50% de NPK + torta de neem a 1,5 t ha^{-1} .

Behera et al. (2009) concluíram que a utilização de fontes orgânicas disponíveis, especialmente a FYM e o estrume de aves de capoeira, juntamente com a dose total recomendada de fertilizantes NPK para o trigo, era importante para aumentar a rentabilidade.

Singh e Grover (2011) compararam a viabilidade económica da produção de trigo biológico com a produção de trigo convencional em Punjab, na Índia. Descobriu-se que os campos biológicos tinham uma distribuição de variedades mais diversificada do que os campos convencionais. O custo variável médio do trigo biológico foi inferior ao do trigo convencional, com um rendimento líquido superior ao custo variável para o trigo biológico de 21985 acres^{-1} , em comparação com 16700 acres^{-1} para o trigo convencional. O rendimento da cultura do trigo biológico foi inferior ao do trigo convencional em 6,7 q acre^{-1} , mas este facto foi mais do que compensado pelo preço de mercado mais elevado recebido pelos agricultores biológicos.

Davari et al. (2012) realizaram um estudo para determinar o efeito de diferentes combinações de adubos orgânicos, resíduos de arroz e biofertilizantes na agricultura biológica do trigo. Os resultados do estudo mostraram que a combinação de VC + RR + B foi o tratamento mais produtivo, enquanto a combinação de FYM + RR + B foi o tratamento mais económico no que diz respeito ao aumento do lucro líquido. Assim, os resultados indicaram que uma combinação de FYM + RR + biofertilizantes ou VC + RR + biofertilizantes é promissora para a agricultura biológica do trigo.

Yasin et al. (2014) referiram que a eficiência média dos lucros dos produtores de trigo biológico era de 0,915, superior à dos produtores de trigo convencional (0,911), indicando que os produtores de trigo biológico eram mais eficientes em termos de lucros do que os produtores convencionais.

Yadav et al. (2020) observaram que, de entre 12 variedades de trigo testadas em sistema de produção biológica, a variedade de trigo duro HI-8713 registou um lucro líquido máximo de 170700 Rs ha^{-1} , que foi superior em 68247 Rs, 79436 Rs e 85055 Rs às variedades de trigo comummente cultivadas Raj-4037, Raj-3765 e Raj-4120, respetivamente.

CAPÍTULO 3

MATERIAIS E MÉTODOS

A presente investigação inclui a experiência de campo, bem como a análise laboratorial. Este capítulo explica simplesmente os materiais utilizados e as metodologias adoptadas na experiência de campo e no trabalho de análise laboratorial. Para além do efeito dos tratamentos, os parâmetros edáficos e climáticos também influenciaram o crescimento e o rendimento da cultura. Por isso, estes parâmetros também são aqui brevemente discutidos:

3.1 Localização do sítio experimental

A experiência foi realizada na Instructional Research Farm, Krishi Nagar, Adhartal, Jawaharlal Nehru Krishi Vishwa Vidyalaya, Jabalpur (M.P.) durante a estação Rabi 2020-21. Na quinta de investigação, estavam disponíveis instalações de investigação adequadas, tais como água de irrigação, sementes, adubos orgânicos, mão de obra e equipamentos, para realizar a investigação.

3.2 Condições climáticas

Jabalpur está situada na região central de Madhya Pradesh, a 23° 09" de latitude norte e 79° 59" de longitude leste, com uma altitude média de 411,78 metros acima do nível médio do mar. O trópico de Câncer atravessa o centro da região de Jabalpur, criando um clima árido e subtropical com Verões quentes e secos e Invernos frescos e secos. De acordo com as normas do Projeto Nacional de Investigação Agrícola, Jabalpur é designada como parte da zona agro-climática "Kymore Plateau e Satpura Hills". Foi recentemente reconhecida como região agro-ecológica número 10, intitulada Central Highlands (Malwa e Bundhelkhand), sub-região número 10.1, designada eco-região quente sub-húmida (Malwa Plateau, Vindhyan scarpland e Narmada Valley).

A precipitação anual nesta região varia entre 1300 mm e 1400 mm, caindo a maior parte entre meados de junho e finais de setembro devido à monção do sudoeste. A temperatura máxima média em maio e

A temperatura mais baixa em junho é de 45° C, enquanto a temperatura mais baixa em dezembro e janeiro é de 4° C, com geadas ocasionais. Em geral, a humidade relativa é relativamente baixa (15 a 30%) durante o verão, moderada (60 a 75%) durante o inverno e elevada (80 a 95%) durante a estação das chuvas.

3.3 Condições climatéricas durante a época de colheita

As flutuações sazonais durante o período de crescimento das culturas desempenham um papel vital não só no crescimento e desenvolvimento das culturas, mas também na gravidade das ervas daninhas, o que, em última análise, influencia a produção final das culturas. Durante a época de colheita (novembro de 2020 a abril de 2021), os dados meteorológicos semanais relativos à temperatura máxima e mínima, humidade relativa, precipitação, número de dias de chuva e horas de sol foram registados no Observatório Meteorológico, Faculdade de Engenharia Agrícola, J.N.K.V.V. Jabalpur (M.P.). Estes dados são apresentados no Quadro 3.1 e ilustrados graficamente na Figura 1.

Os dados meteorológicos mostraram que as condições climatéricas que existiram durante a época de cultivo (Rabi 2020-21) foram favoráveis ao crescimento e desenvolvimento do trigo. A temperatura máxima semanal média variou de 21,4 a 36,8°C, enquanto a temperatura mínima semanal média variou de 5,5 a 16,7°C e a humidade relativa variou de 27 a 88,0% de manhã e de 13 a 57,0% à noite. O número médio de horas de sol por dia variou de 4,5 a 9,8 horas. Durante a estação Rabi de 2020-21, foi registado um total de 28,60 mm de precipitação invernal.

Ao longo do período de cultivo, a temperatura mais baixa foi um pouco mais elevada em dezembro e ligeiramente mais baixa em janeiro, mas a temperatura mínima entre novembro e fevereiro não variou e manteve-se consistente com os dados de base.

Quadro 3.1 Dados meteorológicos semanais durante a época de colheita de Rabi (2020-21)

Meses	Meteo. Semana	Temperatura (°C)		Relativo Humidade (%)		Horas de sol por dia[1]	Precipitação (mm)	Dias de chuva (N.º)
		Máximo.	Min.	Mor.	Eva.			
Nov	46	31.2	15.5	86	41	8.2	5.2	1
	47	28.0	10.7	82	37	6.9	1.4	0
	48	27.6	9.1	83	33	8.1	0.0	0
Dez	49	29.3	9.1	81	29	9.4	0.0	0
	50	26.4	14.7	88	57	3.2	2.3	0
	51	23.2	5.5	74	31	7.4	0.0	0
	52	23.8	7.2	83	43	6.2	0.0	0
Jan	1	26.5	12.4	87	50	4.5	0.5	0
	2	25.0	11.8	86	49	5.7	0.4	0
	3	25.4	8.0	75	31	8.2	0.0	0
	4	24.6	8.6	86	49	7.4	0.0	0
Fev	5	21.4	4.8	73	31	6.0	0.0	0
	6	26.4	8.9	72	34	9.1	0.0	0
	7	27.7	11.8	83	42	7.7	12.6	1
	8	28.6	10.6	79	28	9.3	0.0	0
Mar	9	32.7	12.4	74	25	9.8	0.0	0
	10	34.8	13.0	74	20	8.9	0.0	0
	11	32.3	15.3	78	29	7.0	6.2	1
	12	33.9	16.7	67	27	5.0	0.0	0
abril	13	36.8	16.7	57	13	8.5	0.0	0

Fonte: Departamento de Física e Agrometeorologia, Faculdade de Engenharia Agrícola. J.N.K.V.V., Jabalpur (M.P.).

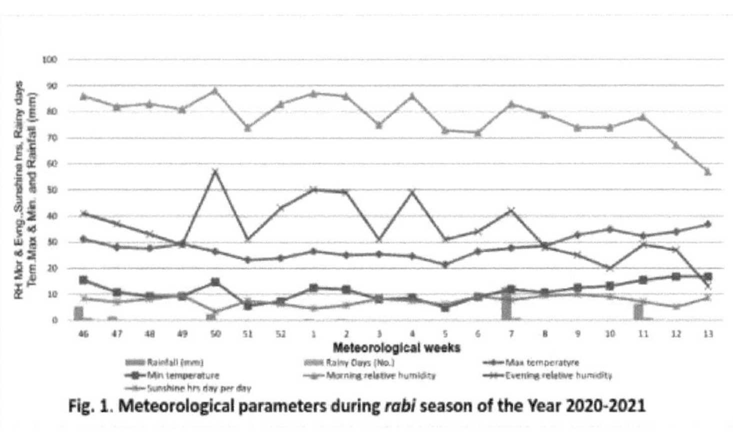

Fig. 1. Meteorological parameters during *rabi* season of the Year 2020-2021

Fig. 1. Parâmetros meteorológicos durante a estação *rabí* do ano 2020-2021

3.4 Solo

O solo de Jabalpur é amplamente classificado como "Vertisol" de acordo com a classificação dos EUA. Durante a estação quente e quente, caracteriza-se por fendas verticais largas e profundas. Incha quando está húmido e encolhe quando seca. De um modo geral, os solos desta região são de cor negra, de profundidade média a profunda, de textura franco-argilo-arenosa e de reatividade neutra. O solo tem uma boa capacidade de retenção de água, mas é propenso a encharcar-se em condições de má drenagem. Consequentemente, a capacidade de trabalho do solo para as actividades agrícolas é geralmente bastante fraca, tanto em condições de solo excessivamente húmido como seco.

Quadro 3.2 Propriedades físico-químicas do solo do campo experimental

Componentes	Valor	Interpretação	Método de análise
Análise mecânica			
Areia (%) Silte (%) Argila (%)	46.00 24.00 30.00	Franco-argiloso arenoso	Método da pipeta internacional (Piper, 1967)
Análise química			
Ph do solo	7.25	Neutro	Medidor de pH elétrico de vidro (Piper, 1967)
Carbono orgânico (%)	0.71	Médio	Método de titulação rápida de Walkley e Black (Walkley & Black, 1934)
Condutividade eléctrica $(dS\ m^\wedge)^1$	0.34	Normal	Método de Solubridge (Black, 1965)
N disponível $(kg\ ha')^1$	272	Baixa	Método do permanganato alcalino (Subbaiah e Asija, 1956)
P2O5 disponível $(kg\ ha)^{-1}$	20.72	Médio	Método do calorímetro (Olsen et al., 1954)
K2O disponível $(kg\ ha)^{-1}$	345	Elevado	Método do fotómetro de chama (Chapman e Pratt, 1961)

Para examinar as propriedades físico-químicas do solo, foram recolhidas aleatoriamente 10 amostras de solo em diferentes locais, a uma profundidade de 0 a 15 cm, utilizando um trado de solo do tipo parafuso. De seguida, as amostras foram cuidadosamente misturadas para formar uma amostra composta. A amostra composta foi seca e moída finamente com a ajuda de um pilão e de um almofariz, sendo depois submetida a várias análises no laboratório do Departamento de Agronomia, JNKVV, Jabalpur (M.P.).

É óbvio a partir dos dados (Quadro 3.2) que, na fase inicial, o solo do campo experimental era franco-argiloso arenoso, de reação neutra (pH 7,25), com elevados teores de CO (0,71%), normal em CE (0,34) e analisando o baixo teor de N disponível (272 kg ha^{-1}), médio em P disponível (20,72 kg ha^{-1}) e elevado em K disponível (345 kg ha^{-1}). Em geral, as propriedades do solo do campo eram indicativas de solos encontrados em grandes áreas de cinturões de cultivo de trigo.

3.5 Historial das culturas no sítio experimental nos últimos três anos

Quadro 3.3 Historial das culturas no sítio experimental nos últimos três anos

Ano	*Quares*	Nível de fertilidade (N:	*Rabi*	Nível de fertilidade (N:

	ma	P$_2$ OsiK$_2$ O kg ha)^1		P$_2$ O5:K2O kg ha)$^{-1}$
2017-18	Arroz	120+60+40	Trigo	120+60+40
2018-19	Arroz	120+60+40	Trigo	120+60+40
2019-20	Arroz	120+60+40	Trigo	120+60+40

3.6. Técnica experimental

Um total de doze tratamentos, representando diferentes variedades de trigo sob a prática de gestão orgânica de nutrientes, foram aplicados numa cama de sementes bem preparada, num desenho de blocos aleatórios com três repetições. Os tratamentos são descritos em pormenor a seguir. O plano de disposição dos tratamentos é ilustrado graficamente na Figura 2.

3.6.1 Tratamentos (doze variedades de trigo)

Quadro 3.4 Os pormenores dos tratamentos são apresentados a seguir

3.6.2 Outros pormenores da experiência	Desenho de blocos aleatórios
Conceção :	36
Número de parcelas :	3
Replicação :	9,20 m x 4,20 m
Dimensão bruta da parcela :	8,40 m x 3,40 m
Dimensão líquida da parcela :	1.50 m
Distância entre as réplicas:	1.00 m
Distância entre as parcelas :	20,00 cm
Espaçamento entre linhas :	100 kg ha^{-1}
Taxa de sementeira :	26/11/2020
Data de sementeira :	120: 60: 40(N: P2O5: K2O) (kg ha^{-1})
Dose nutricional :	17/03/2021 & 25/03/2021
Data da colheita :	

T1	JW 17	T$_7$	HI1500
T$_2$	JW 3020	T$_8$	HI1531
T$_3$	JW 3173	T$_9$	HI 1418
T$_4$	JW 3269	Duas	HD 2987
T$_5$	JW 3288	Tn	HW 2004
T6	C-306	Tl2	HD 4672

Quadro 3.5 Caracteres agronómicos das variedades de trigo utilizadas como tratamentos na experiência

S. Não.	Variedades	Ano de lançamento e local	Duração (dias)	Potencial de rendimento (q ha)^1	Caraterísticas

1.	JW 17 (Swapnil)	Estação Regional de Investigação Agrícola, Sagar (1997)	125-138	30-32	Adequado para o fabrico de Chapatti. Tolerante à ferrugem
2.	JW 3020	JNKVV, Jabalpur (2004)	125-135	30-35	Tolerante à ferrugem e ao acamamento
3.	JW3173	JNKVV, Jabalpur (2009)	125-130	35-40	Tolerante à seca e resistente ao acamamento e à ferrugem
4.	JW 3269	2010	120-125	42-45	Adequado para o fabrico de Chapatti. Tolerante à ferrugem e à seca
5.	JW 3288	JNKVV, Jabalpur (2012)	120-122	35-40	Resistente à ferrugem da folha, à ferrugem negra e ao míldio da folha
6.	C-306	CCSHAU, Hisar (1965)	130-135	30-35	Adequado para o fabrico de Chapatti. Resistente à ferrugem
7.	HI 1500 (Amruta)	IARI, Indore (2003)	115-120	16-30	Adequado para a confeção de Chapatti
8.	HI 1531 (Harshita)	IARI, Indore (2006)	115-120	35-40	Adequado para a confeção de Chapatti
9.	HI 1418 (Naveen Chanduasi)	IARI, Indore (1999)	110-115	30-45	Adequado para a confeção de Chapatti
10.	HD 2987	IARI, Deli (2010)	125-130	25-30	Altamente resistente à ferrugem do caule e da folha
11.	HW 2004 (Amar)	IARI, Deli (1997)	130-135	25-30	Altamente resistente à ferrugem do caule, da folha e da fita
12.	HD 4672	IARI, Indore (2000)	120-125	25-30	Resistência à doença do semi-anão. Genótipo de durum de boa qualidade para sementeira atempada em condições de baixa fertilidade na zona central

Figura 2 Esquema do campo experimental

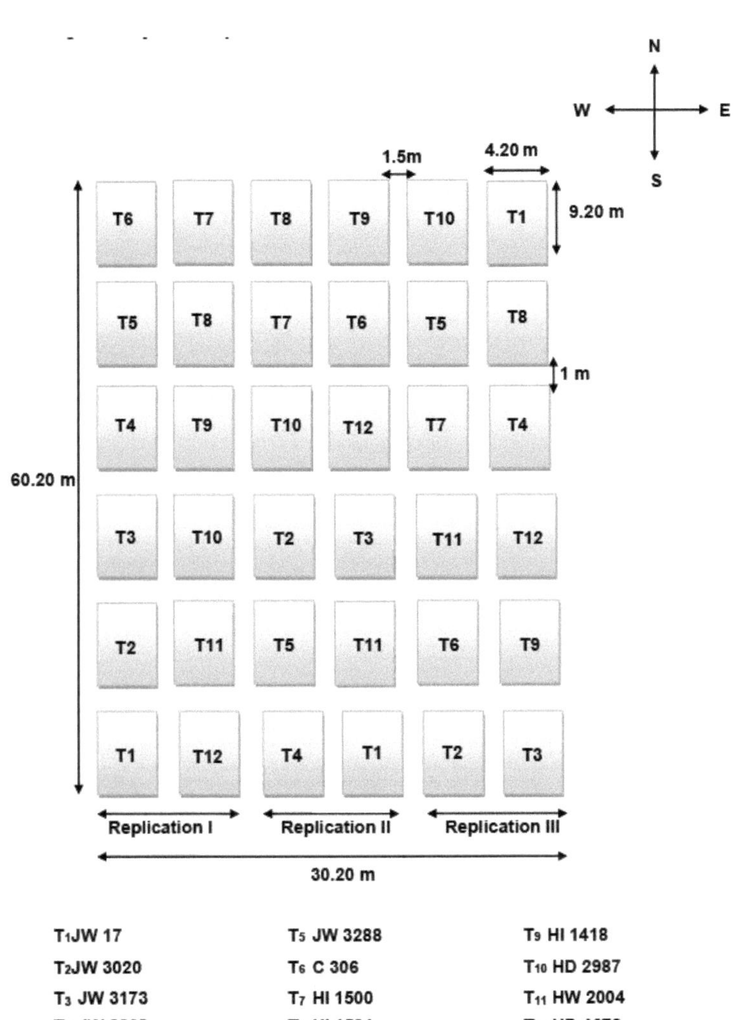

T₁ JW 17	T₅ JW 3288	T₉ HI 1418
T₂ JW 3020	T₆ C 306	T₁₀ HD 2987
T₃ JW 3173	T₇ HI 1500	T₁₁ HW 2004
T₄ JW 3269	T₈ HI 1531	T₁₂ HD 4672

3.7 Teores de nutrientes (NPK) dos adubos orgânicos

Os principais teores de nutrientes (NPK) de vários adubos orgânicos que foram utilizados na presente investigação são apresentados no Quadro 3.6

Quadro 3.6 Principais teores de nutrientes de diferentes adubos orgânicos

Adubo orgânico	Teores de nutrientes (%)		
	N	P_2O_5	K_2O
FYM	0.50	0.25	0.50
Vermicomposto	1.50	0.30	0.50
Bolo de neem	5.20	1.00	1.40

3.8 Calendário das operações agronómicas

O calendário das actividades agronómicas no campo principal ao longo do ano experimental é descrito no quadro 7 abaixo, juntamente com uma descrição de cada atividade.

Quadro 3.7 Calendário das diferentes operações de campo efectuadas no campo experimental durante a estação Rabi 2020-21

S. Não.	Dados das operações	Data da operação
1.	Preparação do terreno	21/11/2020
2.	Disposição da parcela experimental e aplicação basal de vermicomposto, torta de neem e FYM	24/11/2020
3.	Semeadura	26/11/2020
4.	Preenchimento de lacunas	5/12/2020
5.	Monda 1st monda manual com monda rotativa 2nd monda manual	24/12/2020 30/01/2021
6.	Irrigação 1st $2\cap d$	16/12/2020 08/01/2021
	3rd $4^{1}/_{8}h$	30/01/2021 21/02/2021
7.	Colheita JW 17, JW3173, C 306, HI 1500, HI 1531, HW2004 JW 3020, JW 3269, JW 3288, HD 2987, HD 4672, HI 1418	25/03/2021 17/03/2021
8.	Secagem ao sol, atadura dos molhos, etiquetagem e transporte dos produtos para a farinha de debulha	29/03/2021
9.	Debulha e ceifa	30/03/2021

3.9.1 Preparação da parcela experimental

Para preparar a parcela experimental, o campo foi lavrado uma vez com o cultivador seguido de gradagem. Após a lavoura, foi feito o aplainamento para obter uma cama de sementes bem pulverizada e bem nivelada para o trigo. As ervas daninhas e outros restos de cultura foram removidos. O nivelamento da terra é um componente essencial da preparação da terra porque assegura a disponibilidade uniforme de água para as plantas e evita a estagnação da água e do estrume para as plantas.

Após a preparação minuciosa da terra, a experiência foi estatisticamente disposta no campo, adoptando um desenho de blocos aleatórios com doze tratamentos replicados três vezes. Cada tratamento foi atribuído a uma parcela separada utilizando uma tabela aleatória. A planta está representada na Figura 2.

3.9.2 Aplicação de adubos orgânicos

As quantidades medidas de FYM, vermicomposto e bagaço de neem por hectare foram aplicadas nas parcelas antes da colheita final. A dose recomendada de fertilizantes para a cultura do trigo foi de 120 kg de N + 60 kg de P_2O_5 + 40 kg de K_2O ha^{-1}. 100% de Nitrogénio foi suplementado através de $1/3^{rd}$ cada de FYM, vermicomposto e bolo de neem. A necessidade de fósforo foi suplementada através do fosfato de rocha. Os diques foram feitos em toda a volta de cada parcela de tratamento após a disposição da experiência.

3.9.3 Semeadura

O campo foi cuidadosamente lavrado e preparado para a sementeira. A sementeira foi efectuada em 26/11/2020. As sementes de trigo foram semeadas manualmente numa linha com 20 cm de distância numa linha contínua e a taxa de sementeira foi de 100 kg ha^{-1}. Após a sementeira, as sementes foram cuidadosamente cobertas com terra.

3.9.4 Preenchimento de lacunas

Após dez dias, procedeu-se ao preenchimento das lacunas com base nas necessidades, de modo a atingir a população de plantas necessária.

3.9.5 Deservagem

As ervas daninhas foram geridas duas vezes por monda manual aos 30 e 60 dias após a sementeira.

3.9.6 Irrigação

A primeira irrigação foi aplicada imediatamente após a sementeira para a sua correta germinação. Após a germinação, a cultura foi irrigada quatro vezes em fases críticas de crescimento durante todo o período de crescimento.

3.9.7 Proteção das plantas

A incidência de qualquer inseto-praga ou doença na cultura não foi observada durante todo o período de crescimento da cultura. Consequentemente, não foram aplicadas medidas de proteção das plantas.

3.9.8 Colheita e debulha

A colheita do trigo completamente maduro foi efectuada manualmente, de acordo com a duração das variedades, com a ajuda de foices. Inicialmente, a cultura da zona fronteiriça foi colhida em todas as parcelas e os produtos colhidos na zona fronteiriça foram retirados do campo. Em seguida, a colheita da cultura da área da parcela líquida foi efectuada separadamente para cada parcela. Os produtos colhidos foram deixados a secar ao sol durante um número suficiente de dias em cada parcela. Após a secagem ao sol, os produtos de cada parcela foram atados em feixes e etiquetados com o nível da bagagem para demarcação dos tratamentos. Os produtos de cada parcela foram pesados separadamente com a ajuda de uma balança de mola e depois transportados para a eira juntamente com as etiquetas, de modo a que os produtos das diferentes parcelas não se misturassem. A debulha foi efectuada com uma debulhadora eléctrica e a peneiração foi feita manualmente por supas.

As plantas da amostra foram colhidas separadamente, etiquetadas cuidadosamente e levadas para o laboratório para análise pós-colheita.

3.10 Técnica de amostragem

Os índices de crescimento das plantas foram registados a intervalos regulares durante todo o ciclo de vida da cultura, a fim de investigar a relação provável entre as diferentes caraterísticas de crescimento e a produção final (rendimento económico/rendimento de grãos). As amostras de plantas foram recolhidas aos 30, 60 e 90 DAS e aquando da colheita. Foram selecionadas aleatoriamente cinco plantas e marcadas em cada tratamento e em cada repetição. Foram registadas várias observações com as plantas etiquetadas. As observações obtidas para as cinco plantas acima mencionadas foram trabalhadas para fornecer uma média relativamente a todos os parâmetros, que foram depois utilizados na análise estatística para vários parâmetros, como se segue:

3.10.1 Estudos pré-colheita

3.10.1.1 População vegetal

As linhas foram selecionadas aleatoriamente de cada parcela e a população de plantas por metro de comprimento de linha foi registada aos 15 DAS e na colheita. O número médio de plantas por metro de comprimento de linha foi calculado e depois convertido em população de plantas por metro quadrado.

3.10.1.2 Altura da planta (cm)

A altura das plantas de cinco plantas etiquetadas ao acaso foi medida em centímetros desde o nível do solo até à base da última folha completamente emergida, com uma escala de metros. Em cada parcela, as observações sobre a altura das plantas foram efectuadas aos 30, 60 e 90 DAS e na fase de colheita. Na fase de maturação, a altura da planta foi medida desde o nível do solo até à base da borla. Finalmente, foi calculada a média de cada observação.

3.10.1.3 Número de perfilhos por metro quadrado

O número total de perfilhos foi contado usando uma unidade de amostragem de um metro de comprimento de linha de dois locais em cada parcela aos 30, 60, 90 DAS e na colheita. Os dados obtidos foram então convertidos em número de perfilhos por metro quadrado.

3.10.1.4 Número de folhas por planta

O número total de folhas foi contado em cinco plantas etiquetadas em cada parcela aos 30, 60 e 90 DAS, e depois a sua média foi calculada.

3.10.1.5 Área foliar por planta e índice de área foliar (LAI)

A segunda linha a partir da borda de um lado da parcela de rede foi designada como a linha de amostragem, plantas de 25 cm de comprimento de linha foram coletadas das linhas de amostragem de dois locais em cada parcela, e essas amostras de plantas foram usadas para registrar a área foliar aos 30, 60 e 90 DAS. As folhas foram destacadas da base da lâmina e a área foliar foi medida com um medidor de área foliar (L1 3000 Area meter LICOR Ltd. Nebraska, EUA). Os dados obtidos foram então convertidos em área foliar por planta.

Com a ajuda dos dados relativos à área foliar, o índice de área foliar foi calculado utilizando a seguinte fórmula dada por Watson (1956):

$$Leaf\ area\ index = \frac{Total\ leaf\ area\ (cm2)}{Total\ land\ area (cm2)}$$

$$\acute{I}ndice\ de\ \acute{a}rea\ foliar = \frac{\acute{A}rea\ foliar\ total\ (cm2)}{Ar\beta a\ total\ do\ terreno\ (cm2)}$$

3.10.1.6 Produção de matéria seca por metro quadrado (g m)$^{-2}$

A segunda linha a contar do limite de um dos lados da parcela em rede foi designada como linha de amostragem. Nesta região, foram retiradas aleatoriamente de cada parcela plantas com 25 cm de comprimento de linha. As plantas inteiras acima da superfície do solo foram cortadas e secas, primeiro ao sol e depois numa estufa a aproximadamente 65°C até atingirem um peso constante. De seguida, as amostras secas foram pesadas para determinar a produção de matéria seca aos 30, 60, 90 DAS e na colheita. Os dados obtidos foram depois convertidos em produção de matéria seca por metro quadrado.

3.10.2 Estudos pós-colheita

3.10.2.1 Perfis efectivos por metro quadrado

Os perfilhos com cabeça de espiga (perfilhos efectivos) foram contados por metro de comprimento de linha em dois locais de cada parcela na colheita. Os dados obtidos foram depois convertidos em metros quadrados.

3.10.2.2 Comprimento da cabeça da orelha (cm)

Mediu-se o comprimento, excluindo as pontas, de cinco cabeças de espiga selecionadas aleatoriamente e calculou-se a média. O comprimento da cabeça da espiga foi expresso em centímetros.

3.10.2.3 Número de grãos por cabeça de espiga

Foram selecionadas ao acaso cinco espigas e debulhadas manualmente. Contou-se o número de grãos por cabeça de espiga e calculou-se o número médio de grãos.

3.10.2.4 Peso de ensaio dos grãos (g)

Foram colhidas amostras de grãos da produção de cada parcela de tratamento e, em seguida, foram colhidos mil grãos e o seu peso foi registado com a ajuda de uma balança eletrónica. O peso de mil grãos foi registado em gramas.

3.10.3 Dados calculados

3.10.3.1 Rendimento dos grãos

Os molhos de produtos vegetais colhidos em cada parcela foram debulhados e peneirados separadamente. Os grãos foram secos depois de limpos e, em seguida, foi registado o rendimento de grãos por parcela. Foram então obtidas amostras de grãos de cada parcela para avaliar o teor de humidade com a ajuda de um medidor de humidade. Finalmente, o rendimento do grão foi calculado a 14% de humidade antes de ser analisado estatisticamente. O rendimento líquido da parcela foi então finalmente convertido em kg por hectare, multiplicando-o por um fator de conversão adequado.

3.10.3.2 Rendimento em palha

O rendimento em palha por parcela foi calculado subtraindo o rendimento em grão por parcela ao rendimento biológico da mesma parcela. Este rendimento em palha foi depois convertido em kg por hectare, utilizando o mesmo fator de conversão que o rendimento em grãos.

3.10.3.3 Índice de colheita

O índice de colheita, também conhecido como coeficiente de afundamento, é a relação percentual entre o rendimento de grãos e o rendimento biológico (rendimento de grãos + rendimento de palha). Em cada tratamento, foi calculado segundo a fórmula sugerida por Nichiporovich (1967).

$$\text{Harvest Index } (\%) = \frac{\text{Economic yield per ha (grain yield)}}{\text{Biological yield per ha (grain + staw)}} \times 100$$

3.11 Parâmetros de qualidade

3.11.1 Teor de proteínas (%)

O teor de proteínas da amostra foi determinado utilizando o procedimento convencional de digestão e destilação por micro- Kjeldehl, como indicado na AOAC (1984).

Reagentes:

1. 40% NaOH- 400gm dissolvidos em 1 litro
2. Indicador de ácido bórico (solução a 4%)- 4gm em 100 ml
3. Dissolver 0,1 g de vermelho de metilo com 0,05 g de azul de metilo em 100 ml de etanol a 95%.
4. Ácido HCL padrão 0,1N ou ácido H2SO4 0,1N
5. Mistura catalisadora: Sulfato de potássio e sulfato de cobre na proporção de 5:2 (3 g por amostra).

Procedimento:

1. Pesar 100 mg de amostra (contendo 1 a 3 mg de azoto) e transferir para um balão de digestão de 30 ml.

2. Digeriu-se com ácido sulfúrico concentrado (10 ml) após a adição da mistura catalisadora (3 g por amostra) e a digestão foi efectuada durante cerca de 3 horas até o líquido se tornar incolor. Deixou-se arrefecer o tubo de digestão e o conteúdo foi cuidadosamente diluído para 100 ml com água destilada.

3. A solução foi então transferida quantitativamente para um aparelho de destilação. Adicionaram-se 15 ml de hidróxido de sódio a 40% e o amoníaco libertado foi recolhido num balão contendo 10 ml de ácido bórico a 2% com 2 gotas de indicador misto (verde de bromocresol + vermelho de metilo)

4. A destilação foi continuada durante 5 minutos para assegurar o aparecimento de cor verde e garantir a avaliação completa do amoníaco. Após a destilação, a solução foi titulada com H2SO4 0,1N.

A percentagem de azoto e de proteínas foi calculada pela seguinte fórmula:

$$\text{Azoto} = \frac{14 \times \text{normalidade do H2SO4} \times \text{volume de H2SO4} \times 100}{\text{peso da amostra (mg)} \times 100}$$

A percentagem de proteínas na amostra foi estimada multiplicando a percentagem de azoto da amostra pelo fator 6,25.

Proteína (%) = Azoto % x 6,25

3.11.2 Teor de glúten seco (%)

A. Princípio

O teor de glúten numa grande quantidade de farinha pode ser estimado lavando a massa para remover o amido, os açúcares, as proteínas solúveis em água e outros componentes menores. A massa coesiva húmida obtida é denominada glúten húmido, enquanto o produto seco obtido é conhecido como glúten seco.

B. Método

Amassam-se 25 g de farinha com cerca de 15 ml de água até obter uma bola de massa. A bola de massa é deixada imersa em água durante cerca de uma hora para garantir uma hidratação adequada, após o que o amido é lavado amassando suavemente numa corrente suave de água sobre uma peneira fina ou seda até que o líquido lavado esteja claro.

O glúten, que é coeso, é prensado o mais seco possível e pesado. O glúten húmido recolhido é seco a 100 graus Celsius durante 24 horas antes de ser novamente pesado para determinar o valor do glúten seco.

C. Cálculo

$$\text{Dry gluten (\%)} = \frac{weight\,of\,dry\,gluten}{weight\,of\,flour\,sample} \times 100$$

3.11.3 Valor de sedimentação (ml)

O valor de sedimentação da farinha de trigo foi analisado segundo o método descrito por Mishra et al (1998). Foram pesados 6 g de amostra de grãos e

transferida para uma proveta graduada com rolha de 100 ml. Após a adição de 50 ml de água destilada, a proveta foi agitada três vezes durante 15 segundos, horizontalmente e depois da esquerda para a direita, e depois mantida durante alguns minutos. Em seguida, adicionaram-se 50 ml de solução de ácido lático e de dodecil sulfato de sódio (SDS) e misturou-se bem.

Finalmente, deixou-se o cilindro repousar durante meia hora e o volume de sedimentos que se depositou no fundo do cilindro foi registado como valor de sedimentação.

3.12 Economia dos tratamentos (Rs ha)$^{-1}$

Os aspectos económicos dos tratamentos são muito importantes na produção agrícola, porque determinam o tratamento mais rentável e as vantagens económicas globais da cultura de um ponto de vista prático. Para determinar a viabilidade económica dos tratamentos, a economia de vários tratamentos foi calculada em termos de custos de cultivo, rendimentos monetários brutos (GMR), rendimentos monetários líquidos (NMR) e rácio benefício-custo (rácio B:C) por hectare.

3.12.1 Custo da cultura

O custo total do investimento em vários agro-insumos e actividades agrícolas para cultivar a cultura sob um tratamento específico foi calculado utilizando o preço corrente de mercado do insumo, energia e salários, entre outras variáveis. A estimativa do custo de cultivo foi efectuada por hectare de superfície.

3.12.2 Rendimento monetário bruto (RMB)

O valor do produto obtido em cada tratamento foi calculado com base no preço atual de mercado do produto. Nos vários tratamentos, o valor total da produção foi expresso em rendimento monetário bruto (RMB) por hectare.

3.12.3 Rendimentos monetários líquidos (RMN)

Os rendimentos monetários líquidos por hectare para cada tratamento foram calculados deduzindo o custo de cultivo do GMR do mesmo tratamento.

3.12.4 Rácio benefício-custo (B:C)

Para avaliar as vantagens obtidas com os vários tratamentos por cada rupia investida, o rácio B:C de cada tratamento foi determinado utilizando a seguinte fórmula:

$$\text{B: rácio C} = \frac{\text{Rendimentos monetários brutos por ha}}{\text{Custo ou CUitivação por ha}}$$

3.13 Análise estatística

Os dados registados a partir de várias observações foram tabulados e analisados estatisticamente de acordo com a técnica indicada por Panse e Sukhatme (1967). Para determinar a significância dos tratamentos, foi calculado o valor "F" e quando o valor "F" mostrou a sua significância, foi calculada uma diferença crítica (C.D.) ao nível de 5% de probabilidade para comparar a média dos tratamentos.

Quadro 3.8 A estrutura da análise de variância

S.N.	Fonte de variação	d.f.	SS	MSS	F calculado	Valor da tabela F
1.	Replicação (r-1)	2				
2.	Tratamentos (t-1)	11				
3.	Erro (r-1)(t-1)	22				
4.	Total (rt-1)	35				

O erro padrão e a diferença crítica foram calculados através da seguinte fórmula.

1. Diferença entre os substratos

$SEm\pm = \sqrt{EMSS/2}$

2. Diferença entre os aditivos

$SEd = \sqrt{2} \times SEm \pm$

A diferença crítica (DC) foi calculada a um nível de probabilidade de 5 %

$$CD \text{ a } 5\% = SEd \times \text{valor } t \text{ de } 22 \text{ df}$$

Onde,

EMSS = Soma média dos quadrados dos erros

SEm± = Erro padrão da média

SEd = Erro padrão r = Número de replicações

CAPÍTULO 4

RESULTADOS

Os dados recolhidos durante a presente investigação foram devidamente tabulados e, em seguida, submetidos a uma análise estatística, a fim de interpretar os resultados. Estes resultados são resumidos de forma concisa neste capítulo, juntamente com os dados relevantes em tabelas. Os resultados foram também representados através de gráficos. Os resultados do presente inquérito são apresentados sob os seguintes títulos:

4.1 Parâmetros de crescimento

4.2 Caracteres de atribuição de rendimento e rendimento

4.3 Parâmetros de qualidade

4.4 Economia dos tratamentos

4.1 Parâmetros de crescimento do trigo

4.1.1 População de plantas

Os dados relativos à população de plantas são apresentados no quadro 4.1. Estas observações foram registadas aos 15 DAS e na colheita. Os dados foram recolhidos por metro de comprimento de linha e depois convertidos em metros quadrados.

Quadro 4.1 População de plantas de diferentes variedades de trigo em modo de produção biológico

gestão dos nutrientes

Tratamento	Variedades	População de plantas (m^2) em	
		15 DAS	Colheita
T_1	JW 17	180	178
T_2	JW 3020	178	176
T_3	JW 3173	179	175
T_4	JW 3269	180	179
T_5	JW 3288	180	176
T_6	C 306	180	178
T_7	HI 1500	180	176
T_8	HI 1531	179	176
T_9	HI 1418	178	175
T_{10}	HD 2987	179	176
T11	HW 2004	179	175
T12	HD 4672	178	175
	SEm ±	2.43	274
	CD a 5%	NS	NS

A análise dos dados revelou que a população de plantas não foi afetada pelas diferentes variedades, pelo que foi considerada não significativa e consistente entre todos os tratamentos.

4.1.2 Altura da planta

Os dados relativos à altura das plantas são apresentados no quadro 4.2. Estas observações foram registadas aos 30, 60, 90 DAS e na colheita. Os dados mostram que a altura da planta aumentou gradualmente com o avanço dos estádios de crescimento até à maturidade, com uma taxa rápida de incremento até aos 60 DAS em todos os tratamentos.

Quadro 4.2 Altura das plantas de diferentes variedades de trigo com nutrientes orgânicos

gestão em diferentes intervalos de tempo

Tratamento	Variedades	Altura da planta (cm)			
		30 DAS	60 DAS	90 DAS	Colheita
T₁	JW 17	21.86	78.58	93.75	94.03
T₂	JW 3020	17.07	67.47	83.92	84.47
T₃	JW 3173	18.62	69.85	85.53	86.13
T₄	JW 3269	21.45	75.45	91.35	92.46
T₅	JW 3288	21.20	74.78	90.20	90.97
T₆	C 306	21.74	76.66	92.54	93.11
T₇	HI 1500	20.89	73.89	88.79	89.46
T₈	HI 1531	18.13	68.92	84.48	85.58
T₉	HI 1418	16.21	64.48	80.47	81.51
T₁₀	HD 2987	19.37	72.49	87.49	88.39
T11	HW 2004	19.10	71.12	86.48	87.39
T12	HD 4672	16.93	66.46	82.72	82.90
	SEm ±	0.80	1.28	1.87	1.74
	CD a 5%	2.35	3.76	5.50	5.12

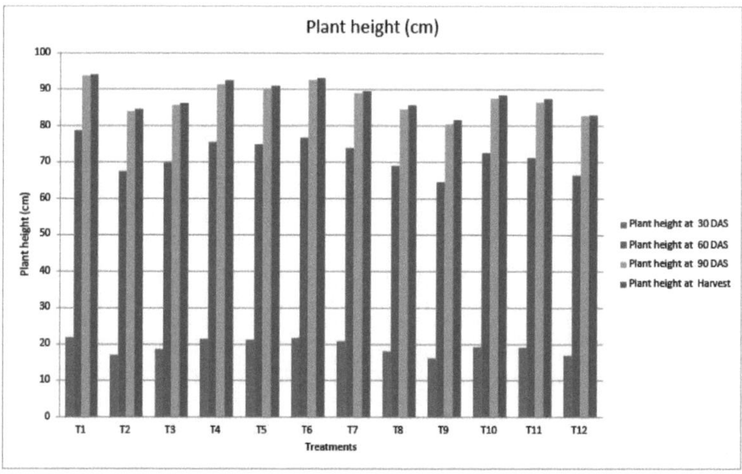

Figura 4.1 Altura da planta de diferentes variedades de trigo sob gestão de nutrientes orgânicos em diferentes intervalos de tempo

A análise dos dados no Quadro 4.2 revelou que o valor máximo da altura da planta foi registado na variedade JW 17 em todas as fases de crescimento.

Na fase inicial de crescimento (30 DAS), a altura máxima da planta foi atingida pela variedade JW 17 (21,86 cm), que foi significativamente superior ao resto das variedades e encontrada a par das variedades C 306, JW 3269, JW 3288 e HI 1500. Da mesma forma, aos 60 DAS, a variedade JW 17 produziu plantas mais altas (78,58 cm) entre todas as variedades, mas não causou uma diferença significativa na altura da planta com as variedades C 306 e JW 3269 e permaneceu estatisticamente a par entre si. Aos 90 DAS e na fase de maturidade, a variedade JW 17 atingiu a altura máxima da planta (93,75 e 94,03 cm, respetivamente), que foi significativamente superior ao resto das variedades, mas foi encontrada a par com as variedades C 306, JW 3269, JW 3288 e HI 1500. No entanto, foi registada uma altura mínima das plantas com a variedade HI 1418 em todas as fases de crescimento.

4.1.3 Número de perfilhos m^{-2}

Os dados relativos ao número de perfilhos por metro quadrado são apresentados no Quadro 4.3. Essas observações foram registadas aos 30, 60, 90 DAS e na colheita. É evidente a partir dos dados que o número de perfilhos por metro quadrado aumentou com o avanço da idade da cultura e atingiu o valor máximo aos 90 DAS e depois declinou até a maturidade.

Quadro 4.3 Número de perfilhos de diferentes variedades de trigo sob gestão de nutrientes orgânicos em diferentes intervalos de tempo

Tratamento	Variedades	Número de Ofícios m ^{2}			
		30 DAS	60 DAS	90 DAS	Colheita
T₁	JW 17	357	499	503	501
T₂	JW 3020	292	405	407	405
T₃	JW 3173	300	428	431	428
T₄	JW 3269	340	474	477	474
T₅	JW 3288	332	466	469	467
T₆	C 306	349	488	491	488
T₇	HI 1500	323	458	460	458
T₈	HI 1531	296	419	421	420
T₉	HI 1418	285	391	393	390
T₁₀	HD 2987	314	447	450	447
T11	HW 2004	308	442	444	440
T12	HD 4672	288	399	402	399
	SEm ±	4.29	7.84	6.89	7.95
	CD a 5%	12.63	23.12	20.32	23.43

A análise crítica dos dados (Tabela 4.3) revelou que o maior número de perfilhos por metro quadrado foi produzido pela variedade JW 17 em todos os estágios de crescimento (357, 499, 503 e 501 perfilhos m^{-2} a 30, 60, 90 DAS e na colheita respetivamente) que foi estatisticamente igual à variedade C 306 em todos os estágios de crescimento e significativamente superior ao resto das variedades. Entretanto, a variedade HI 1418 registrou o número mínimo de perfilhos por metro quadrado em todos os estágios de crescimento (285, 391, 393 & 390 perfilhos m^{-2} aos 30, 60, 90, & na colheita respetivamente).

4.1.4 Número de folhas

Os dados relativos ao número de folhas por planta são mostrados na Tabela 4.4. O aumento no número de folhas da planta^{-1} ocorreu com o avanço do crescimento da planta até 90 DAS.

Quadro 4.4 Número de folhas de diferentes variedades de trigo sob gestão de nutrientes orgânicos em diferentes intervalos de tempo

Tratamento	Variedades	Número de folhas Planta^{-1}		
		30 DAS	60 DAS	90 DAS
T₁	JW 17	13	26	28
T₂	JW 3020	9	21	24
T₃	JW 3173	10	22	25
T₄	JW 3269	12	25	28
T₅	JW 3288	11	25	27
T₆	C 306	12	25	28
T₇	HI 1500	11	24	26
T₈	HI 1531	9	22	25
T₉	HI 1418	9	21	23
T₁₀	HD 2987	11	23	26
T11	HW 2004	11	23	25
T12	HD 4672	9	21	24
	SEm ±	0.53	0.93	0.98
	CD a 5%	1.56	2.75	2.88

A análise dos dados (Quadro 4.4) mostrou que o número máximo de folhas por planta foi registado na variedade JW 17 (13, 26, 28 folhas Planta^{-1}) aos 30, 60 e 90 DAS, o que foi encontrado a par das variedades C 306, JW 3269, JW 3288 e HI 1500 durante 60 a 90 DAS, enquanto que o número mínimo de folhas Planta^{-1} foi registado na variedade HI 1418 (9, 21, 23 aos 30, 60, 90 DAS respetivamente).

4.1.5 Área foliar

Os dados sobre a área foliar em diferentes intervalos são apresentados no Quadro 4.5.

Quadro 4.5 Área foliar de diferentes variedades de trigo sob gestão de nutrientes orgânicos em diferentes intervalos de tempo

Tratamento	Variedades	Área foliar da planta^{1} (cm)		
		30 DAS	60 DAS	90 DAS
T₁	JW 17	93.59	171.27	218.93
T₂	JW 3020	64.59	118.54	153.15
T₃	JW 3173	71.35	130.58	167.32
T₄	JW 3269	87.05	159.30	207.74
T₅	JW 3288	84.69	154.98	198.59
T₆	C 306	90.62	165.84	214.18
T₇	HI 1500	81.40	148.96	190.77
T₈	HI 1531	68.61	125.56	162.20
T₉	HI 1418	54.77	100.24	129.59
T₁₀	HD 2987	78.96	144.50	186.15
T11	HW 2004	75.22	137.77	176.53
T12	HD 4672	62.00	113.11	145.17

	SEm ±	3.45	5.17	12.98
	CD a 5%	10.18	15.25	38.24

A análise dos dados (Quadro 4.5) revelou que o valor mais elevado da área foliar por planta foi registado na variedade JW 17 (93,59, 171,27, 218.93 cm^2 $plant^{-1}$) aos 30, 60 e 90 DAS respetivamente, que foi significativamente superior ao resto das variedades e foi encontrado a par das variedades C 306, JW 3269 e JW 3288, enquanto que a menor área foliar por planta foi registada na variedade HI 1418 (54.77, 100.24 e 129.59 cm^2 $plant^{-1}$) aos 30, 60 e 90 DAS respetivamente.

4.1.6 Índice de área foliar

Os dados relativos ao índice de área foliar são apresentados no Quadro 4.6. As observações relacionadas com a área foliar foram efectuadas aos 30, 60 e 90 DAS e depois foi calculado o IAF. Os dados mostram claramente que o índice de área foliar aumentou sucessivamente à medida que o crescimento progrediu e atingiu o seu valor máximo aos 90 DAS.

Quadro 4.6 Índice de área foliar de diferentes variedades de trigo sob gestão de nutrientes orgânicos em diferentes intervalos de tempo

Tratamento	Variedades	Índice de área foliar		
		30 DAS	**60 DAS**	**90 DAS**
T₁	JW 17	1.67	3.06	3.95
T₂	JW 3020	1.14	2.09	273
T₃	JW 3173	1.25	2.29	3.00
T₄	JW 3269	1.56	2.85	374
T₅	JW 3288	1.49	2.73	3.57
T₆	C 306	1.61	2.95	3.86
T₇	HI 1500	1.43	2.62	3.43
T₈	HI 1531	1.21	2.21	2.90
T₉	HI 1418	0.96	1.76	2.31
T₁₀	HD 2987	1.39	2.54	3.34
T11	HW 2004	1.32	2.42	3.16
T12	HD 4672	1.08	1.98	2.59
	SEm ±	0.06	0.09	0.23
	CD a 5%	0.18	0.27	0.69

A análise crítica dos dados (Tabela 4.6) mostrou que o índice de área foliar máximo foi calculado na variedade JW 17 (1.67, 3.06, & 3.95 aos 30, 60 e 90 DAS respetivamente) que estava a par com as variedades C 306 e JW 3269 e significativamente superior ao resto das variedades. Aos 90 DAS, o LAI máximo foi calculado sob a variedade JW 17, que foi significativamente superior às restantes variedades, mas não causou uma variação significativa com as variedades C 306, JW 3269, JW 3288, HI 1500 e HD 2987, permanecendo estatisticamente a par entre si. No entanto, o LAI mínimo foi calculado com a variedade HI 1418 (0,96, 1,76, 2,31) aos 30, 60 e 90 DAS, respetivamente.

4.1.7 Produção de matéria seca

O resumo dos dados da acumulação de matéria seca por metro quadrado que foi registada aos 30, 60, 90 DAS e na colheita é apresentado (Quadro 4.7). A análise dos dados revelou que a acumulação de matéria seca aumentou progressivamente com o avanço da idade da cultura até à colheita. A taxa máxima de aumento foi observada entre 60 e 90 DAS.

Quadro 4.7 Produção de matéria seca de diferentes variedades de trigo sob gestão dos nutrientes orgânicos em diferentes intervalos de tempo

Tratamento	Variedades	Produção de matéria seca (g m^{-2})			
		30 DAS	60 DAS	90 DAS	Colheita
T₁	JW 17	85	493	984	1175
T₂	JW 3020	50	374	730	905
T₃	JW 3173	57	399	796	947
T₄	JW 3269	77	467	929	1104
T₅	JW 3288	73	450	899	1084
T₆	C 306	80	484	967	1123
T₇	HI 1500	69	438	879	1051
T₈	HI 1531	54	385	766	922
T₉	HI 1418	52	339	676	789
T₁₀	HD 2987	65	413	833	1013
T11	HW 2004	60	407	811	989
T12	HD 4672	55	357	700	803
	SEm ±	3.63	10.10	39.82	42.87
	CD a 5%	10.71	29.78	117.35	126.34

Um exame atento dos dados (Quadro 4.7) revelou que a acumulação máxima de matéria seca foi registada na variedade JW 17 a partir dos 30 DAS até à maturidade.

Aos 30 e 60 DAS a acumulação máxima de matéria seca foi registada na variedade JW 17 (85,21 g m^{-2} e 492,82 g m^{-2} respetivamente), que foi significativamente superior às restantes variedades, mas permaneceu estatisticamente a par das variedades C 306 e JW 3269. Nas fases posteriores, ou seja, 90 DAS e na colheita, a variedade JW 17 registou uma superioridade distinta em relação às outras variedades, mas não expressou uma variação significativa na acumulação de matéria seca em relação às variedades C 306, JW 3269, JW 3288 e HI 1500, e ficou a par entre si. No entanto, a acumulação mínima de matéria seca foi registada na variedade HI 1418 (51,66, 338,94, 675,83 e 789,10 gm^{-2} aos 30, 60, 90 DAS e na colheita, respetivamente) em todas as fases de crescimento.

4.2 Caracteres de atribuição de rendimentos

Os dados sobre diferentes caracteres que atribuem rendimento, ou seja, perfilhos efetivos m^{-2}, comprimento da cabeça da espiga (cm), número de grãos por cabeça de espiga e peso de teste como influenciado por diferentes variedades são mostrados na Tabela 4.8 e o rendimento é apresentado na Tabela 4.9.

Quadro 4.8 Caracteres de atribuição de rendimento de diferentes variedades de trigo sob gestão orgânica de nutrientes

Tratamento	Variedades	Perfilhadores efectivos nτ²	Comprimento da cabeça da orelha (cm)	Número de grãos por cabeça de espiga	Peso de ensaio (g)
T₁	JW 17	477	13.67	49	39.41
T₂	JW 3020	384	10.40	36	36.07

T_3	JW 3173	407	10.64	40	37.08
T_4	JW 3269	452	12.58	46	38.90
T_5	JW 3288	443	11.75	45	38.73
T_6	C 306	464	13.47	47	39.03
T_7	HI 1500	435	11.42	44	38.13
T_8	HI 1531	396	10.53	38	36.96
T_9	HI 1418	361	10.07	34	35.84
T_{10}	HD 2987	427	11.31	43	37.84
T11	HW 2004	419	10.73	41	37.45
T12	HD 4672	377	10.12	35	39.87
	SEm±	7.30	0.59	1.53	0.82
	CD a 5%	21.50	1.74	4.50	2.42

4.2.1 Perfis efectivos m^{-2}

Vários factores têm um impacto no rendimento do grão, quer direta quer indiretamente. O número de perfilhos efectivos m^{-2} tem um impacto direto no rendimento do grão, uma vez que contribui para uma maior quantidade de grãos, o que aumenta o rendimento. O número de perfilhos efectivos diminuiu em comparação com o número total de perfilhos. A competição por nutrientes e outros recursos entre o número total de perfilhos pode ser a razão para a redução do número de perfilhos efetivos na maturidade. A tabela 4.8 mostra as informações sobre o número de perfilhos efetivos m^{-2} .

A análise dos dados (Tabela 4.8) mostrou claramente que a variedade JW 17 produziu o número máximo de perfilhos efetivos (477 perfilhos efetivos m^{-2}), que foi nitidamente superior ao resto das variedades, exceto a variedade C 306 (464 perfilhos efetivos m^{-2}) e encontrada a par com ela. No entanto, o menor número de perfilhos efectivos foi produzido pela variedade HI 1418 (361 perfilhos efectivos m^{-2}).

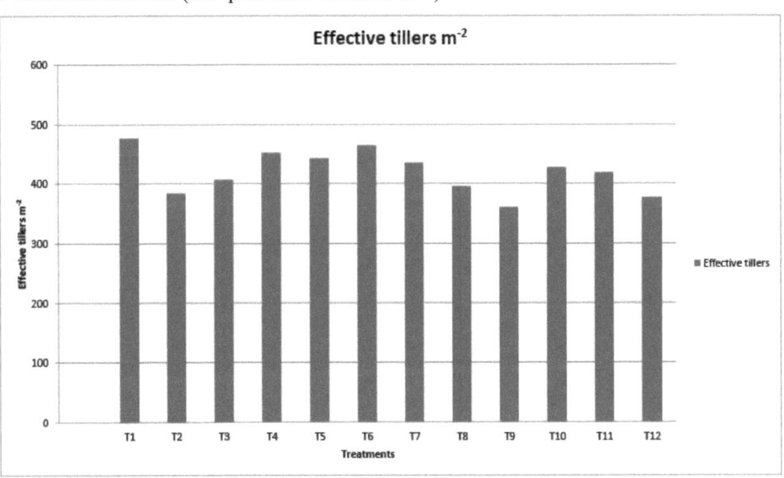

Figura 4.2 Perfis efectivos de diferentes variedades de trigo sob gestão orgânica de nutrientes

4.2.2 Comprimento da cabeça da orelha

A análise dos dados (Tabela 4.8) revelou que, entre as diferentes variedades, a JW 17 alcançou um comprimento de cabeça de espiga significativamente maior (13,67 cm) do que as demais variedades, mas permaneceu estatisticamente no mesmo nível das variedades C 306 e JW 3269 (13,47 cm e 12,58 cm, respetivamente). O comprimento mais curto da cabeça da espiga foi registado na variedade HI 1418 (10,07 cm).

4.2.3 Número de grãos por cabeça de espiga

Os dados relativos ao número de grãos por cabeça de espiga são apresentados (quadro 4.8). A análise dos dados revelou que o número máximo de grãos por cabeça de espiga foi registado na variedade JW 17 (49 grãos por cabeça de espiga), que foi significativamente superior às restantes variedades, mas foi estatisticamente equiparada às variedades C 306 e JW 3269 (47, 46 grãos por cabeça de espiga, respetivamente). No entanto, o número mais baixo de grãos por cabeça de espiga foi registado na variedade HI 1418 (34 grãos por cabeça de espiga).

4.2.4 Peso de ensaio (g)

A análise dos dados relacionados com o peso do teste (Quadro 4.8) mostrou que o peso máximo do teste (peso de 1000 grãos) foi registado na variedade HD 4672 (39,87 g), que foi estatisticamente igual às variedades JW 17, C 306, JW 3269, JW 3288, HI 1500 e HD 2987 e significativamente superior às restantes variedades, enquanto que o peso mínimo do teste foi registado na variedade HI 1418 (35,84 g).

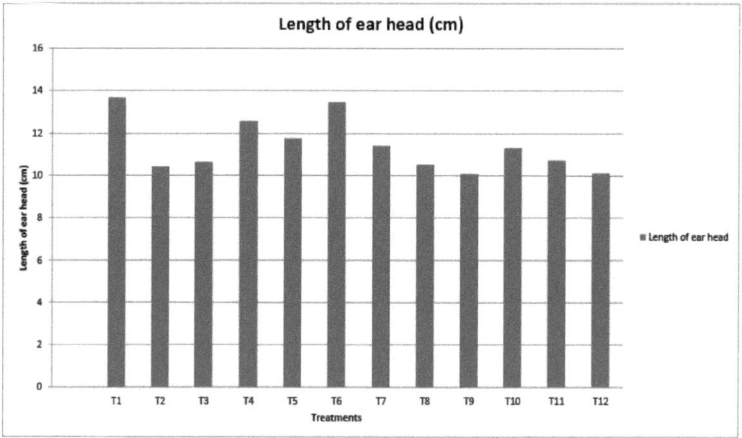

Figura 4.3 Comprimento da cabeça da espiga de diferentes variedades de trigo sob gestão orgânica de nutrientes

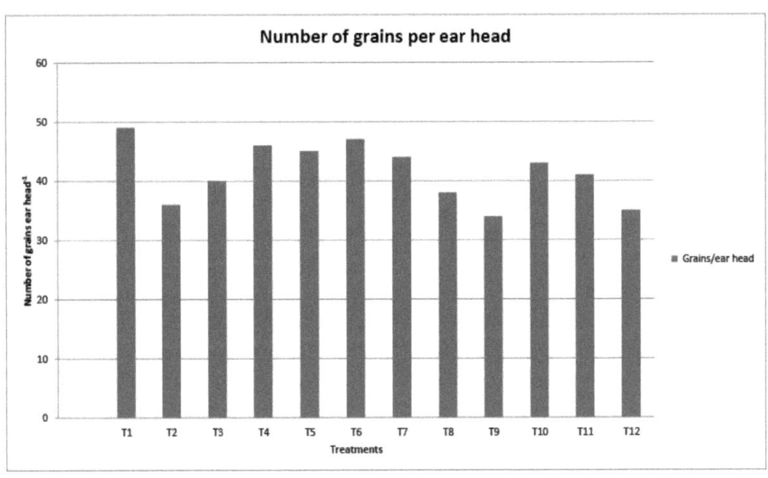

Figura 4.4 Grãos por cabeça de espiga de diferentes variedades de trigo sob gestão orgânica de nutrientes

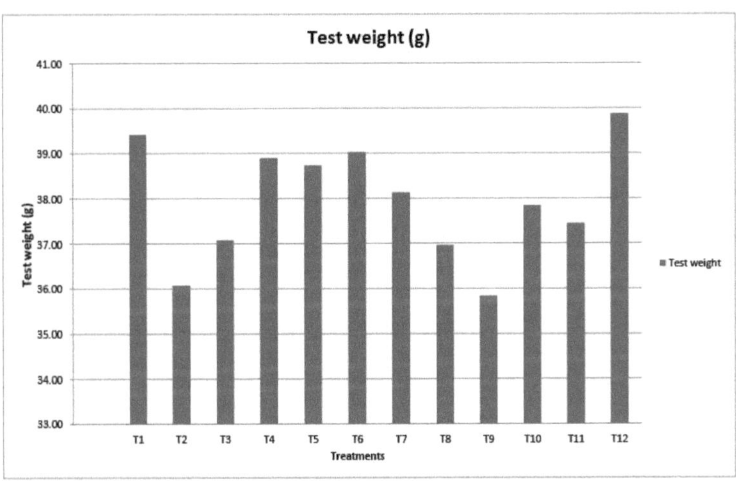

Figura 4.5 Peso de ensaio de diferentes variedades de trigo sob gestão orgânica de nutrientes

4.2.5 Rendimento dos grãos

Os dados relativos ao rendimento de grãos influenciado por diferentes variedades são apresentados no Quadro 4.9. A análise dos dados revelou que o rendimento máximo de grãos foi registado na variedade JW 17 (3787 kg ha^{-1}), que foi considerada estatisticamente a par da variedade C 306 (3655 kg ha^{-1}) e significativamente superior à JW 3269 (3553 kg ha^{-1}), JW 3288 (3464 kg ha^{-1}), HI 1500 (3366 kg ha^{-1}), HD 2987 (3286 kg ha^{-1}), HW 2004 (3207 kg ha^{-1}), JW 3173 (3130 kg ha^{-1}), HI 1531 (3045 kg ha^{-1}), JW 3020 (2965 kg ha^{-1}), HD 4672 (2881 kg ha^{-1}) e HI 1418 (2796 kg ha^{-1}). A variedade HI 1418 foi a de menor rendimento entre todas.

4.2.6 Rendimento em palha

O resumo dos dados relativos ao rendimento em palha é apresentado (Quadro 4.9). A análise estatística dos dados revelou que, entre as diferentes variedades, o rendimento máximo de palha foi obtido com a variedade JW 17 (4507 kg ha^{-1}), que foi significativamente superior às restantes variedades, mas não causou diferenças significativas em relação às variedades C 306 JW 3269, JW 3288 e HI 1500 (4459, 4406, 4330 e 4254 kgha^{-1} respetivamente) e manteve-se estatisticamente igual entre si. No entanto, foi registado um rendimento mínimo de palha com a variedade HI 1418 (3760 kg ha^{-1}).

4.2.7 Índice de colheita

Os dados relativos ao índice de colheita são apresentados (Tabela 4.9). É óbvio a partir dos dados que o índice de colheita máximo foi registado na variedade JW 17 (45,68%), que mostrou a sua superioridade distinta sobre o resto das variedades, enquanto que o índice de colheita mínimo foi registado na variedade HI 1418 (42,96%).

Quadro 4.9 Rendimento de grãos, rendimento de palha e índice de colheita de diferentes trigos

variedades sob gestão orgânica de nutrientes

Tratamento	Variedades	Rendimento de grãos (kg ha)^1	Rendimento da palha (kg ha)^1	Índice de colheita (%)
T₁	JW 17	3787	4507	45.66
T₂	JW 3020	2965	3902	43.18
T₃	JW 3173	3130	4096	43.32
T₄	JW 3269	3553	4406	44.64
T₅	JW 3288	3464	4330	44.44
T₆	C 306	3655	4459	45.05
T₇	HI 1500	3366	4254	44.17
T₈	HI 1531	3045	3867	44.05
T₉	HI 1418	2796	3760	42.65
T₁₀	HD 2987	3286	4200	43.90
T11	HW 2004	3207	4145	43.62
T12	HD 4672	2881	3845	42.84
	SEm ±	79.24	102.23	
	CD a 5%	233.52	301.28	-

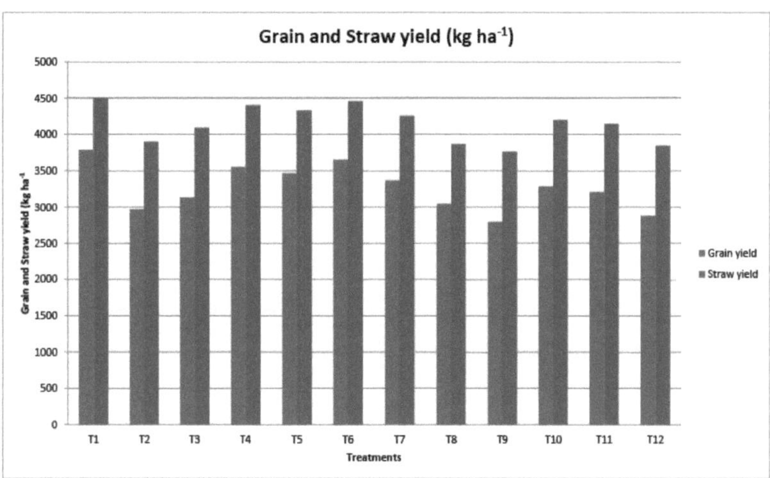

Figura 4.6 Rendimento de grãos e palha de diferentes variedades de trigo sob gestão orgânica de nutrientes

4.3 Parâmetros de qualidade

4.3.1 Teor de proteínas (%)

Os dados relativos ao teor de proteínas são apresentados (Quadro 4.10). A análise dos dados revelou que o teor de proteína diferiu significativamente com as diferentes variedades. Foi encontrado o máximo na variedade C 306 (10,58%) seguido pelas variedades HD 4672 e HD 2987 (10,23%, 10,11% respetivamente), enquanto que o conteúdo mínimo de proteínas foi registado na variedade HI 1418 (8,01%).

4.3.2 Teor de glúten (%)

O quadro 4.10 apresenta os dados relativos ao teor de glúten. A análise dos dados mostrou que o teor de glúten variou significativamente em todas as variedades. O teor máximo de glúten foi registado na variedade C 306 (9,88%), seguido das variedades HD 4672 e HD 2987 (9,55%, 9,50% respetivamente). No entanto, o teor mínimo de glúten foi registado na variedade HI 1418 (6,35%).

4.3.3 Valor de sedimentação (ml)

O quadro 4.10 contém informações sobre o valor de sedimentação. A análise dos dados revelou que o valor de sedimentação foi mais elevado na variedade C 306 (46,7 ml), seguida das variedades HD 4672 e HD 2987 (45 ml, 44,1 ml, respetivamente). O valor mínimo de sedimentação foi registado na variedade HI 1418 (18 ml).

Quadro 4.10 Teor de proteínas, teor de glúten seco e valor de sedimentação de diferentes variedades de trigo sob gestão orgânica de nutrientes

Tratamento	Variedades	Parâmetros de qualidade		
		Teor de proteínas (%)	Teor de glúten seco (%)	Valor de sedimentação (ml)
T₁	JW 17	9.93	9.27	387
T₂	JW 3020	8.71	6.45	207

T_3	JW 3173	9.35	7.40	28.8
T_4	JW 3269	10.00	9.30	40.5
T_5	JW 3288	9.58	7.75	30.6
T_6	C 306	10.58	9.88	467
T_7	HI 1500	9.70	9.15	36.0
T_8	HI 1531	9.00	6.55	27.9
T_9	HI 1418	8.01	6.35	18.0
T_{10}	HD 2987	10.11	9.50	44.1
T11	HW 2004	9.64	8.70	33.3
T12	HD 4672	10.23	9.55	45.0
	SEm ±	0.16	0.11	2.17
	CD a 5%	0.47	0.31	6.41

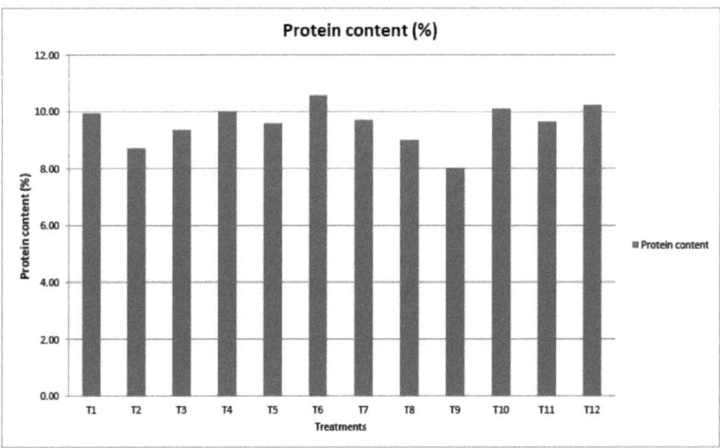

Figura 4.7 Teor de proteínas de diferentes variedades de trigo sob gestão orgânica de nutrientes

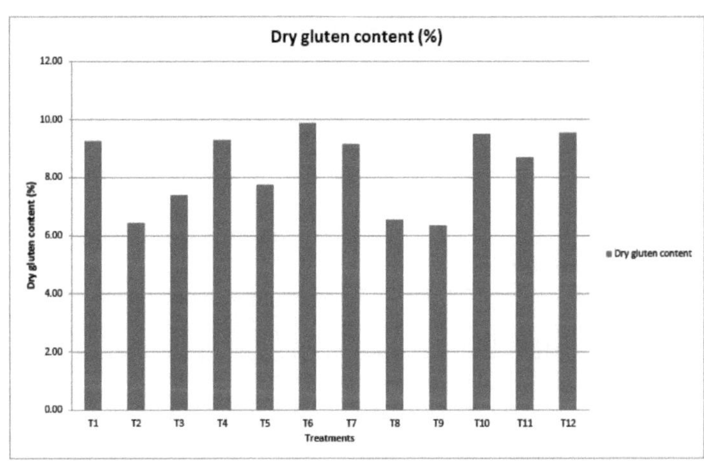

Figura 4.8 Teor de glúten seco de diferentes variedades de trigo sob gestão orgânica de nutrientes

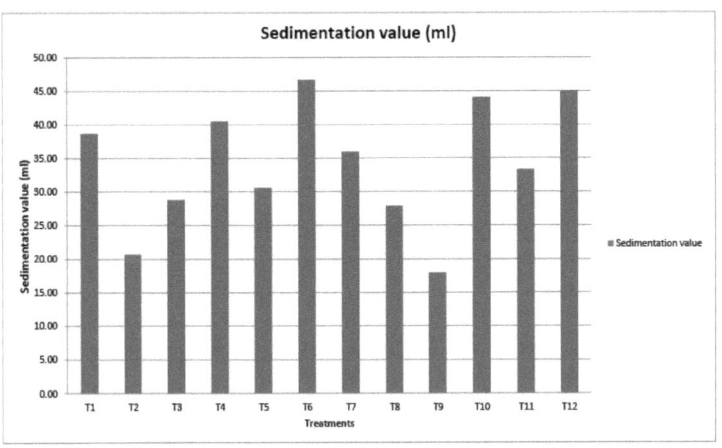

Figura 4.9 Valor de sedimentação de diferentes variedades de trigo sob gestão de nutrientes orgânicos

4.4 Economia dos tratamentos

Os dados relativos aos aspectos económicos das diferentes variedades, nomeadamente, o custo de cultivo, os retornos monetários brutos (GMR), os retornos monetários líquidos (NMR) e o rácio custo-benefício (B:C) foram gerados considerando o custo dos inputs e o valor dos outputs em termos de rupias por hectare, são apresentados no Quadro 4.11.

Quadro 4.11 Análise económica das diferentes variedades

Tratamento	Variedades	Custo de cultivo Rs ha[1]	GMR Rs ha[1]	RMN Rs ha[1]	Rácio B:C
T₁	JW 17	57530	117662	60132	2.05
T₂	JW 3020	57530	93253	35723	1.62
T₃	JW 3173	57530	98369	40839	1.71
T₄	JW 3269	57530	110934	53404	1.93
T₅	JW 3288	57530	108262	50732	1.88
T₆	C 306	57530	113890	56360	1.98
T₇	HI 1500	57530	105330	47800	1.83
T₈	HI 1531	57530	95339	37809	1.66
T₉	HI 1418	57530	88170	30640	1.53
T₁₀	HD 2987	57530	102965	45435	1.79
T11	HW 2004	57530	100618	43088	1.75
T12	HD 4672	57530	90772	33242	1.58

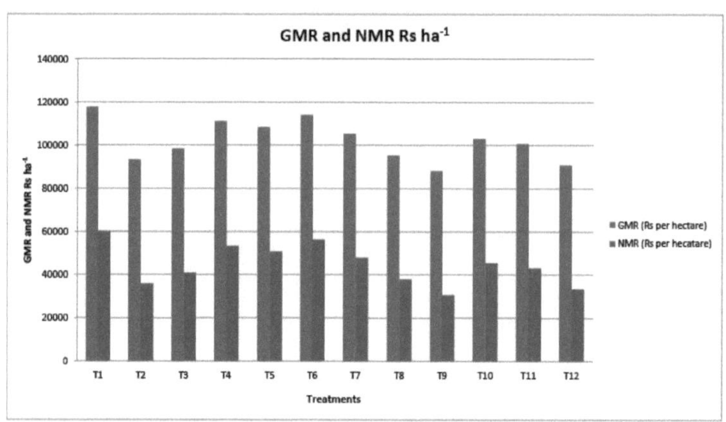

Figura 4.10 Rendimentos monetários brutos (Rs. ha-1) e rendimentos monetários líquidos (Rs. ha-1) de diferentes variedades de trigo sob gestão orgânica de nutrientes

4.4.1 Custo de cultivo

O quadro 4.11 mostra que a cultura do trigo exigiu um custo de cultivo de (Rs. 57530 ha^{-1}) para diferentes operações e factores de produção apresentados no Apêndice I

4.4.2 Rendimentos monetários brutos

Os dados relativos aos rendimentos monetários brutos (GMR) são apresentados no quadro 4.11. O GMR é o valor do produto comercializável em cada tratamento. É calculado multiplicando a quantidade de produtos pela taxa existente de produtos comercializáveis.

Um exame atento dos dados (Quadro 4.11) revelou que, entre as diferentes variedades de trigo, os rendimentos monetários brutos foram máximos na variedade JW 17 (Rs.117662 ha^{-1}), seguida das variedades C 306 e JW 3269 (Rs.113890, Rs. 110926 ha^{-1} respetivamente). O rendimento monetário bruto mínimo foi calculado com a variedade HI 1418 (Rs. 88170ha^{-1}).

4.4.3 Rendimentos monetários líquidos

O rendimento monetário líquido para cada tratamento foi calculado subtraindo o custo de cultivo do rendimento bruto para esse tratamento. É evidente a partir dos dados (Tabela 4.11) que o retorno monetário líquido máximo foi calculado na variedade JW 17 (Rs. 43420 ha^{-1}), seguido pelas variedades C 306 e JW 3269 (Rs. 39646, 36682 ha^{-1} respetivamente), enquanto o retorno monetário líquido mínimo foi calculado na variedade HI 1418 (Rs. 13926 ha^{-1}).

4.4.4 Rácio benefício-custo

Os dados relativos ao rácio benefício-custo (ou seja, o lucro bruto por cada rupia investida) são apresentados no Quadro 4.11. A análise dos dados revelou que a variedade JW 17 deu o rácio benefício-custo máximo (2,05), seguida das variedades C 306 e JW 3269 (B:C 1,98, 1,93 respetivamente). No entanto, a relação benefício-custo mínima foi registada na variedade HI 1418 (1,19).

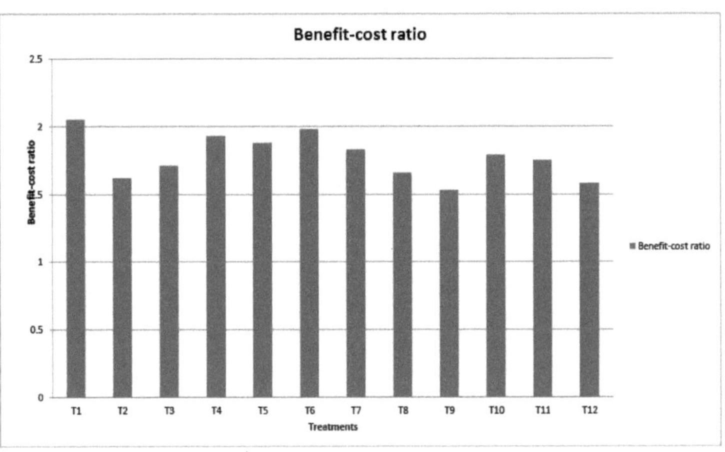

Figura 4.11 Rácio benefício-custo de diferentes variedades de trigo sob gestão orgânica de nutrientes

CAPÍTULO 5

DISCUSSÃO

A investigação agronómica tem como principal objetivo o aumento da produção agrícola através da utilização optimizada dos recursos agrícolas e das tecnologias disponíveis. Na agricultura química intensiva moderna, já foram desenvolvidas agrotécnicas para aumentar a produtividade de quase todas as culturas importantes e, como resultado, a nação alcançou a autossuficiência na produção de grãos alimentares em grande medida. Embora o atual nível de produção agrícola seja suficiente para satisfazer a procura nacional, parece que será difícil manter o ritmo de aumento da produtividade com uma população em constante crescimento no futuro. Por um lado, a agricultura moderna contribuiu para aumentar a produtividade, mas, por outro lado, a degradação das terras agrícolas, a deterioração da qualidade dos produtos agrícolas e as perturbações dos ecossistemas naturais causadas pela agricultura moderna constituem grandes limitações. Nestas circunstâncias, a promoção da agricultura biológica parece ser uma das alternativas possíveis de sistema agrícola para manter os actuais níveis de produção no futuro. No entanto, a falta de tecnologias de produção sistemáticas baseadas na agricultura biológica constitui um obstáculo à sua adoção generalizada. São necessárias novas variedades adaptadas ao sistema de agricultura biológica para otimizar a qualidade dos produtos biológicos e a estabilidade do rendimento. Com efeito, a variabilidade entre as variedades da agricultura biológica e da agricultura convencional é tão grande que as variedades de maior rendimento na agricultura convencional nem sempre são superiores na agricultura biológica. Por conseguinte, é mais do que tempo de intensificar o programa de investigação sobre a agricultura biológica, não só para aumentar a produção, mas também para assegurar a sua viabilidade a longo prazo.

Assim, o principal objetivo desta investigação era descobrir variedades de trigo apropriadas ou adequadas sob gestão de nutrientes orgânicos como culturas de qualidade de exportação de alto valor para regiões de cultivo de trigo em Madhya Pradesh. O desempenho das diferentes variedades foi comparado com o de outras variedades. Foram registados/computados diferentes dados, incluindo a produtividade das culturas, e os resultados estão resumidos no capítulo anterior. Alguns destes resultados concentraram a informação mais importante do conhecimento académico e aplicado, que é explicada neste capítulo utilizando factos científicos, dados e pontos de vista de outros cientistas.

5.5 Caraterísticas de crescimento e de rendimento de diferentes variedades de trigo sob gestão orgânica de nutrientes

5.5.1 Caracteres de crescimento

5.5.1.1 População vegetal

O rendimento de qualquer cultura é influenciado pelo seu número de plantas, que é uma função da sua germinação inicial Kaur (2017). Os dados apresentados no quadro 4.1 mostram que a população de plantas aos 15 DAS e na colheita não apresentou diferenças significativas, o que indica que a população de plantas não foi afetada pelas diferentes variedades. Isso pode ser devido ao facto de as variedades terem uma melhor percentagem de germinação.

5.5.1.2 Altura da planta

Os resultados no Quadro 4.2 mostraram que a altura da planta de todas as variedades aumentou progressivamente com o avanço do crescimento da cultura até à maturidade. A taxa mais rápida de incremento ocorreu durante 30 a 60 DAS. A altura da planta variou significativamente entre as variedades em todas as fases de crescimento devido à sua capacidade genética. Na fase final, entre todas as variedades, a JW 17 tinha as plantas mais altas (94,03 cm), seguida de perto pela C 306, JW 3269, JW 3288 e HI 1500 e significativamente superior às restantes variedades. Resultados de observação semelhantes foram também registados por Abraham e lal (2003).

5.5.1.3 Número de perfilhos m^{-2}

Os dados na Tabela 4.3 mostraram que o número de perfilhos por metro quadrado aumentou gradualmente com o avanço dos estágios de crescimento da cultura até 90 DAS em todas as variedades, com a taxa muito pobre de incremento na capacidade de perfilhamento entre 60 e 90 DAS. Depois de 90 DAS houve uma redução de perfilhos, que foi causada pela competição intra-específica por espaços maiores e nutrientes, esta competição foi responsável pela degeneração de perfilhos produzidos tardiamente. As plantas têm um período específico de perfilhamento após o qual elas entram na fase reprodutiva; portanto, novos perfilhos não têm oportunidades suficientes para se desenvolver. Na maturidade, a variedade JW 17 teve o número máximo de perfilhos por metro quadrado, o que foi significativamente superior às variedades JW 3269, JW 3288, HI 1500, HD 2987, HW 2004, HI 1531, JW 3020, HD 4672 e HI 1418, mas permaneceu no mesmo nível da variedade C 306. Este facto está em conformidade com os resultados de Chaterjee et al. (2016).

5.5.1.4 Índice de área foliar

Os dados (Quadro 4.6) mostram que o índice de área foliar das diferentes variedades aumentou à medida que o crescimento avançava até aos 90 DAS, diminuindo depois devido à secagem das folhas. Entre as diferentes variedades, a JW 17 registou um LAI máximo e significativamente mais elevado do que a HW 2004, a JW 3173, a HI 1531, a JW 3020, a HD 4672 e a HI 1418, mas manteve-se comparável às variedades C 306, JW 3269, JW 3288, HI 1500 e HD 2987 aos 90 DAS. O LAI mais alto pode ser devido ao número máximo de perfilhos que produzem um número maior de folhas, resultando em LAI mais alto. Achados semelhantes foram relatados por Nag et al. (2006) e Chatterjee et al. (2016).

5.5.1.5 Produção de matéria seca

A produção de matéria seca por metro quadrado aumentou linearmente conforme o crescimento progrediu até a maturidade (Tabela 4.7). Como a altura da planta, perfilhos m^{-2}, folhasm^{-2} e área foliar m^{-2} foram mínimos no estágio inicial de crescimento i.e. 30 DAS portanto apenas uma pequena quantidade de material alimentar foi sintetizada pelas plantas que foi utilizada para o desenvolvimento das partes vegetativas das plantas que resultaram em baixo acúmulo de matéria seca pelas plantas. As plantas atingiram sua altura máxima, perfilhos, número de folhas e área foliar aos 60 DAS, então a produção de matéria seca aumentou aos 60 DAS em comparação aos 30 DAS. A fase vegetativa de todas as variedades foi quase completa até aos 60 DAS e depois as plantas entraram na fase reprodutiva, pelo que os fotossintatos acumulados e os materiais alimentares foram utilizados principalmente para o desenvolvimento de sementes, resultando num aumento da produção de matéria seca aos 90 DAS e na colheita. No entanto, devido à heterogeneidade genética, a produção de matéria seca das diferentes variedades variou significativamente em todas as fases de crescimento. Como a produção de matéria seca é a soma total do efeito do crescimento geral, o número máximo de perfilhos e o índice máximo de área foliar foram responsáveis pela maior produção de matéria seca na variedade JW 17, que foi significativamente maior do que as variedades HD 2987, HW 2004, JW 3173, HI 1531, JW 3020, HD 4672 e HI 1418, mas permaneceu no mesmo nível das variedades C 306, JW 3269, JW 3288 e HI 1500 aos 90 DAS e na colheita também. Estes resultados estão em estreita conformidade com as conclusões de

Singh e Yadav (2006), Nag et al. (2006) e Chatterjee et al. (2016). Bhardwaj et al. (2010) também observaram que a melhoria nos índices de crescimento, como altura da planta, total de perfilhos e índice de área foliar, foi responsável pelo aumento do acúmulo de matéria seca nas variedades de trigo.

5.5.2.1 Caracteres de atribuição de rendimentos

O rendimento em grão e palha de uma cultura depende da relação fonte-dreno e da função combinada de diferentes parâmetros de crescimento e caracteres que atribuem rendimento, como o número de perfilhos efectivos m^{-2}, o comprimento da cabeça da espiga, os grãos por cabeça da espiga e o peso de 1000 grãos, que é afetado por diferentes práticas de gestão da cultura e por várias condições de crescimento. Qualquer fator que afecte estes componentes de crescimento e rendimento afectará finalmente o rendimento económico e biológico da cultura. Os dados relativos aos caracteres que atribuem rendimento e ao rendimento são apresentados nos quadros 4.8 e 4.9, respetivamente.

Os perfilhos efectivos são uma caraterística importante que tem um impacto direto na produção da cultura (rendimento económico). A área verde fotossintética, que controla a síntese de carboidratos, enchimento de grãos e rendimento final de grãos, é o principal determinante de perfilhos efetivos. Dos resultados (Tabela 4.8) é óbvio que os perfilhos efetivos m^{-2} foram máximos sob a variedade JW 17 que é seguida de perto pela variedade C 306 e significativamente superior ao resto das variedades. Parâmetros melhores de crescimento de planta i.e. superioridade em altura de planta, perfilhos m^{-2} e LAI (contribuiu em área fotossintética máxima), foram notados na variedade JW 17 que atribuiu produzir significativamente maior número de perfilhos efetivos m^{-2} do que outras variedades. Estes parâmetros de crescimento foram notoriamente mais fracos na variedade HI 1418, pelo que esta produziu o número mais baixo de perfilhos efectivos m^{-2}. A variabilidade no que diz respeito ao número de perfilhos efectivos entre diferentes variedades pode dever-se à sua composição genética. Resultados semelhantes foram também registados por Mukherjee (2012).

O comprimento da cabeça da espiga também diferiu significativamente entre as diferentes variedades. A variedade JW 17 apresentou o comprimento de cabeça de espiga mais longo (13,67 cm), que foi encontrado a par das variedades C 306 e JW 3269, enquanto a HI 1418 apresentou a cabeça de espiga mais pequena (10,07 cm) entre todas as variedades. Os resultados estão em consonância com as conclusões de Panwar et al. (2013). Verificaram que o comprimento da cabeça da espiga era geneticamente influenciado pelo material de reprodução utilizado para o desenvolvimento de cultivares de trigo desenvolvidas em diferentes condições ambientais.

Verificou-se que as variedades com cabeça de espiga de tamanho grande também têm um maior número de grãos por cabeça de espiga. O número máximo de grãos por cabeça de espiga (49 grãos) foi registado na variedade JW 17, que foi encontrada nas variedades C 306, JW 3269 e JW 3288. No entanto, o número mínimo de grãos por cabeça foi registado na variedade HI 1418 (34 grãos).

O peso de teste das diferentes variedades diferiu significativamente devido à sua capacidade genética. Foi registado o máximo na variedade HD 4672 (39,87 g) devido às suas sementes arrojadas e o peso de teste mínimo foi registado na variedade HI 1418 (35,84 g). Resultados semelhantes foram também registados por Sardana et al. (2002).

5.5.2.2 Rendimento dos grãos e da palha

Os rendimentos de grãos das variedades são o produto final para o qual as variedades foram desenvolvidas. Os dados (Tabela 4.9) mostraram que a variedade JW 17 com o rendimento de grãos de 3787 kg ha^{-1} superou todas as variedades, mas foi seguida de perto pelas variedades C 306 e JW 3269 (3655 kg ha^{-1} , 3553 kg ha^{-1} respetivamente). Estas variedades tinham parâmetros de crescimento superiores e caracteres que atribuíam rendimento, particularmente o número de perfilhos efectivos, grãos por cabeça de espiga e peso de teste, como discutido anteriormente, pelo que produziram um rendimento de grãos significativamente mais elevado do que as outras. Entre todas as variedades, a HI 1418 foi a que produziu menos, com um rendimento de grãos de 2796 kg ha^{-1} . Estes resultados estão em estreita conformidade com as conclusões de Math e Trivedi (2000).

O rendimento em palha é a biomassa obtida após subtrair o rendimento em grão do rendimento biológico total. A sua produtividade está diretamente relacionada com os parâmetros de crescimento, nomeadamente a altura da planta, os perfilhos m^{-2} , o LAI da cultura e, consequentemente, com a produção de matéria seca m^{-2} . As variedades variaram significativamente em termos de rendimento em palha (Quadro 4.9). A variedade JW 17 produziu o rendimento máximo de palha (4507 kg ha^{-1}), que foi encontrado a par das variedades C 306, JW 3269, JW 3288 e HI 1500. Estas variedades tiveram uma superioridade significativa em termos de altura da planta, perfilhos m^{-2} , LAI e produção de matéria seca m^{-2} , do que as outras variedades, pelo que produziram maiores rendimentos de palha. O rendimento em palha foi registado no mínimo na variedade HI 1418 (3760 kg ha^{-1}). A altura da planta, os perfilhos m^{-2} , o LAI e a produção de matéria seca m^{-2} , foram mínimos nesta variedade, o que contribuiu para o seu menor rendimento em palha. As restantes variedades ficaram numa posição intermédia no que diz respeito ao rendimento em palha entre os grupos de rendimento máximo e mínimo. Estes resultados estão em estreita conformidade com as conclusões de Davari et al. (2014).

Uma vez que a variedade JW 17 foi uma variedade semeada atempadamente, com um período de maturação mais longo do que as variedades tardias e muito tardias, apresentou uma taxa de assimilação de CO_2 mais elevada, um atraso na senescência da folha bandeira e uma translocação eficaz de fotossintatos da fonte para o sumidouro, o que resultou em atributos de rendimento mais elevados, rendimento de grão e palha.

5.5.3 Parâmetros de qualidade

A avaliação da qualidade da farinha de trigo é de grande importância para a indústria do trigo. São necessários grãos de trigo de alta qualidade para as indústrias de moagem e de panificação. São utilizados vários testes físico-químicos na avaliação da qualidade do trigo. O teor de proteínas e o teste de sedimentação de Zeleny são utilizados para avaliar a qualidade das farinhas de trigo Colombo et al. (2008), De Vita et al. (2007), Mares e Mrva (2008).

5.5.3.1. Teor de proteínas

O teor de proteínas do trigo é afetado pela disponibilidade de azoto durante a fase de formação do grão, bem como por outros factores ambientais. A proteína é a principal caraterística da qualidade do grão que determina a qualidade de utilização final.

Os dados (Tabela 4.10) mostraram claramente que o teor de proteína variou de 8,01 a 10,58%, entre as variedades. O maior teor de proteínas foi registado na variedade C 306 (10,58%), seguido de perto pelas variedades HD 4672 e HD 2987 (10,23%, 10,11% respetivamente), enquanto a menor percentagem de proteínas foi calculada na variedade HI 1418 (6,35%). Estes resultados estão em estreita conformidade com as conclusões de Channabasanagowda et al. (2008), Kaur et al. (2006), Kharub e Chander (2008) e Shivay et al. (2010).

5.5.3.2 Teor de glúten

Na Índia, cerca de 80% do trigo é consumido como chapattis, sendo apenas 10% transformado em farinha para utilização na indústria de panificação (Kaur et al. 2006). O glúten é um dos componentes mais essenciais para determinar a qualidade do trigo no fabrico de chapatti.

Os dados (Quadro 4.10) indicam que o teor de glúten variou de 6,35 a 9,88 % nas diferentes variedades. Entre as diferentes variedades, o teor máximo de glúten foi calculado na variedade C 306 (9,88%), seguida pelas variedades HD 4672 e HD 2987 (9,55%, 9,50% respetivamente). No entanto, o menor teor de glúten foi registado na variedade HI 1418 (6,35%). Resultados semelhantes foram também registados por Kaur et al. (2006).

5.5.3.3 Valor de sedimentação

A qualidade funcional do teor de glúten é determinada pelo valor de sedimentação. O valor de sedimentação pode ser utilizado para avaliar a qualidade das proteínas. Um valor de sedimentação mais elevado indica a existência de glúten de qualidade superior. O valor de sedimentação varia muito consoante as variedades. O índice de sedimentação (Zelenytest) mede o volume de sedimentação de uma suspensão de farinha em ácido lático diluído. Colombo et al. (2008) relataram que o valor do teste de Zeleny (valor de sedimentação) estava fortemente correlacionado com o volume do pão.

A análise dos dados (Tabela 4.10) revelou claramente que o valor de sedimentação variou significativamente sob diferentes variedades de 18,0 a 46,7 ml. O valor de sedimentação foi encontrado no máximo na variedade C 306 (46,7 ml), seguido pelas variedades HD 4672 e HD 2987 (45 ml, 44,1 ml respetivamente). O valor mínimo de sedimentação foi calculado na variedade HI 1418 (18,0 ml). Este facto está em conformidade com os resultados obtidos por Singh e Kaur (2004).

5.5.4 Economia dos tratamentos

A viabilidade económica das variedades é uma grande preocupação para os agricultores. A avaliação económica das variedades foi determinada usando quatro critérios principais: custo de cultivo, retornos monetários brutos (GMR), retornos monetários líquidos (NMR) e razão benefício-custo (B:C) (Tabela 4.11). Os factores económicos acima mencionados foram estimados numa base de área por hectare, considerando os valores de mercado existentes de diferentes entradas e saídas.

5.5.4.1 Custo da cultura

Em geral, o custo de cultivo de uma cultura num determinado tratamento varia com o preço de mercado da variedade. Ao estimar o custo de cultivo num determinado tratamento, foram incluídos os custos dos factores de produção e das operações. O custo de cultivo das diferentes variedades de trigo foi de 57530 Rs ha^{-1} (Apêndice I). O custo dos adubos orgânicos, bem como os encargos da sua aplicação, eram elevados e a gestão completa dos nutrientes orgânicos exigia despesas bastante mais elevadas do que a gestão integrada dos nutrientes. O custo do cultivo em agricultura biológica poderia ser reduzido se os adubos biológicos fossem preparados na própria exploração.

5.5.4.2 Rendimento monetário bruto (RMB)

O GMR dos vários tratamentos variou significativamente. O GMR é o ganho monetário total do produto colhido, que depende diretamente do preço de mercado. Os resultados (Quadro 4.11) mostram claramente que a GMR foi mais elevada para a variedade JW 17 (117662Rs ha^{-1}), seguida das variedades C 306, JW 3269, JW 3288, HI 1500, HD 2987, HW 2004, JW 3173, HI 1531, JW 3020, HD 4672 e HI 1418, por ordem decrescente. A GMR mínima foi calculada com a variedade HI 1418 (88170 Rs ha^{-1}). O GMR representa o valor do rendimento de grãos e palha de várias variedades. Consequentemente, está diretamente relacionado com os rendimentos em grão e palha das variedades. Assim, pode sugerir-se que a mudança da agricultura inorgânica para a agricultura biológica pode ser mais rentável através do cultivo de culturas de elevado valor. Estes resultados estão de acordo com as conclusões de Verma (2015).

5.5.4.3 Rendimentos monetários líquidos (RMN)

A RMN é o lucro monetário efetivo de um tratamento específico, pois é calculada deduzindo o custo de cultivo da RMN do mesmo tratamento. O NMR dos vários tratamentos diferiu significativamente. O NMR das diferentes variedades seguiu a mesma tendência que o seu GMR, uma vez que um GMR mais elevado proporciona um NMR mais elevado com o mesmo custo de cultivo. A variedade JW 17 obteve um NMR mais elevado do que o seu GMR. A variedade JW 17 obteve o NMR máximo (60132 Rsha^{-1}), seguida pela C 306 (56360Rsha^{-1}), JW 3269 (53404 Rs ha^{-1}), enquanto a variedade HI 1418 obteve o NMR mínimo (30640 Rs ha^{-1}) entre todas as variedades. As restantes variedades encontravam-se numa posição intermédia em termos de NMR. Resultados semelhantes foram registados por Davari et al. (2014).

5.5.4.4 Rácio benefício-custo

É o benefício monetário real (ganho) em cada rupia de investimento sob um tratamento específico. Uma olhada na Tabela 4.11 revelou ainda que a variedade JW 17 obteve a relação B:C máxima (2,05), seguida por C 306 e JW 3269 com relação B:C de 1,98 e 1,93, respetivamente. A relação B:C mínima foi obtida na variedade HI 1418 (1,53). As restantes variedades estavam numa posição intermédia para o rácio B:C, variando de 2,05 a 1,53. Isto indicou que a agricultura biológica em geral não era financeiramente rentável; por outro lado, pode ser rentável se forem produzidos adubos biológicos na exploração e forem cultivadas culturas de elevado valor. Verma (2015) também abordou as diferenças económicas de várias variedades de trigo.

CAPÍTULO 6

RESUMO DAS CONCLUSÕES E SUGESTÕES PARA O FUTURO TRABALHO

6.1 Resumo

A presente investigação intitulada **"Desempenho de diferentes variedades de trigo sob gestão de nutrientes orgânicos no planalto de Kymore e na zona de Sarpura Hills" foi conduzida durante a estação** rabi **2020-21 na** Fazenda de Pesquisa Instrucional, Krishi Nagar, Adhartal, Jawaharlal Nehru Krishi Vishwa Vidyalaya, Jabalpur (Madhya Pradesh). Os objectivos da investigação consistiram em avaliar o desempenho de diversas variedades de trigo sob gestão de nutrientes orgânicos e a subsequente influência no crescimento das plantas e nos caracteres de atribuição de rendimento, nos parâmetros de rendimento e qualidade e na economia.

Os tratamentos consistiram em doze variedades de trigo, a saber, JW 17, JW 3020, JW 3173, JW 3269, JW 3288, C 306, HI 1500, HI 1531, HI 1418, HD 2987, HW 2004 e HD 4672, testadas em blocos aleatórios com três repetições. Todas as variedades receberam uma quantidade uniforme de adubos orgânicos, ou seja, $1/3^{rd}$ N através de cada um dos FYM, Bolo de Neem e Vermicomposto. A semeadura foi feita manualmente em 26 de novembro de 2020 (a distância entre linhas foi mantida em 20 cm). Várias observações foram feitas ao longo da estação de crescimento, em vários parâmetros de crescimento, caracteres de atribuição de rendimento, parâmetros fisiológicos, parâmetros de qualidade e rendimentos e, consecutivamente, a viabilidade econômica dos tratamentos foi determinada por hectare de área usando os preços atuais de mercado para insumos usados e produção obtida sob vários tratamentos em termos de custo de cultivo, retornos monetários brutos (GMR), retornos monetários líquidos (NMR) e relação custo-benefício (relação B: C). Os dados recolhidos durante a investigação atual foram tabulados e analisados estatisticamente para interpretar os resultados. Segue-se uma breve descrição das conclusões:

1. A população de plantas não foi afetada pelos diferentes tratamentos (variedades).

2. A altura da planta foi significativamente afetada pelas diferentes variedades em diferentes fases de crescimento da cultura. A altura aumentou gradualmente até à maturidade. As plantas mais altas foram registadas com a variedade JW 17 em todas as fases de crescimento, enquanto que a altura mínima das plantas foi registada com a variedade HI 1418 em todas as fases de crescimento.

3. Quanto à capacidade de perfilhamento, de 30 DAS até a colheita, o máximo de perfilhos m^{-2} foi registrado sob a variedade JW 17, que foi significativamente superior ao resto das variedades, mas foi encontrado a par com a variedade C 306 em todos os estágios de crescimento. No entanto, o número mínimo de perfilhos m^{-2} foi registado na variedade HI 1418 desde os 30 DAS até à maturidade.

4. A variedade JW 17 registou o número máximo de folhas da planta^{-1}, bem como a área foliar da planta^{-1} aos 30, 60 e 90 DAS, enquanto que o número mínimo de folhas da planta^{-1} e a área foliar da planta^{-1} foram registados na variedade HI 1418 dos 30 aos 90 DAS.

5. O índice de área foliar aumentou à medida que o crescimento da cultura avançou até aos 90 DAS. Aos 90 dias após a sementeira, entre as diferentes variedades, o LAI foi máximo na variedade JW 17, que se encontrou a par das variedades C 306, JW 3269, JW 3288, HI 1500, HD 2987 e significativamente superior às variedades HW 2004, JW 3173, HI 1531, JW 3020, HD 4672 e HI 1418. Foi registado um LAI mínimo na variedade HI 1418.

6. A produção de matéria seca m^{-2} aumentou com o avanço do crescimento da cultura e o valor mais alto foi atingido na maturidade. Diferiu significativamente entre todas as variedades em todas as fases de desenvolvimento. Na fase final (maturidade), a maior produção de matéria seca m^{-2} foi observada na variedade JW 17, que foi significativamente superior às restantes variedades, exceto às variedades C 306, JW 3269, JW 3288 e HI 1500, e permaneceu ao mesmo nível destas, enquanto que o valor mais baixo foi registado na HI 1418.

7. Entre as diferentes variedades, JW 17 produziu o máximo de perfilhos efectivos m^{-2}, que foi encontrado a par com a variedade C 306 e significativamente superior ao resto das variedades. No entanto, o mínimo de perfilhos efectivos m^2 foi observado na variedade HI 1418.

8. O comprimento da cabeça da espiga e o número de grãos por cabeça da espiga foram significativamente influenciados pelas diferentes variedades. As maiores cabeças de espiga e o número máximo de grãos por cabeça de espiga^{-1} foram registados na variedade JW 17, que foi considerada a par das variedades C 306 e JW 3269 e significativamente superior às restantes variedades. O comprimento mais curto da cabeça da espiga e o menor número de grãos na cabeça da espiga^{-1} foram registados na variedade HI 1418.

9. O peso de teste diferiu significativamente em todos os tratamentos. O maior peso de teste foi observado na variedade HD 4672, foi significativamente superior ao HW 2004, JW 3173, HI 1531, JW 3020 e HI 1418 e permaneceu a par com as variedades C 306, JW 3269, JW 3288, HI 1500 e HD 2987. O peso mínimo no teste foi registado na variedade HI 1418.

10. Entre as diferentes variedades, o maior rendimento de grão e palha foi obtido da variedade JW 17, seguido de C 306 e JW 3269, enquanto o rendimento mínimo de grão e palha foi obtido da variedade HI 1418.

11. No que respeita aos parâmetros de qualidade, nomeadamente o teor de proteínas, o teor de glúten e o valor de sedimentação, verificou-se que a variedade C 306 registou o máximo, seguida da HD 4672 e da HD 2987. No entanto, entre as diferentes variedades, os parâmetros de qualidade mínimos foram registados na variedade HI 1418.

12. Os rendimentos monetários brutos (GMR), os rendimentos monetários líquidos (NMR) e a relação custo-benefício (relação B:C) máximos foram registados na variedade JW 17, seguida das variedades C 306 e JW 3269. No entanto, o GMR, o NMR e o rácio B:C mínimos foram obtidos com a variedade HI 1418. Os resultados revelaram que a variedade JW 17 se revelou economicamente sólida.

6.2 Conclusão

À luz dos resultados acima resumidos, foram tiradas as seguintes conclusões significativas

◆ A variedade de trigo JW 17 foi considerada a mais adequada para o sistema de agricultura biológica, seguida de perto pelas variedades C 306 e JW 3269.

◆ O desempenho da variedade JW 17 foi considerado superior no que respeita aos parâmetros de crescimento (altura da planta, número de perfilhos, produção de matéria seca e LAI) e aos caracteres de rendimento (perfilhos efectivos, comprimento da cabeça da espiga e grãos por cabeça da espiga), seguido de perto pelas variedades C 306 e JW 3269

◆ Os parâmetros de qualidade, nomeadamente o teor de proteínas, o teor de glúten seco e o valor de sedimentação foram mais elevados na variedade C 306 (10,58%, 9,88%, 46,7 ml, respetivamente), seguidos das variedades HD 4672 e HD 2987.

◆ A variedade JW 17 foi considerada mais produtiva e remuneradora em termos de NMR (43420 Rs ha^{-1}) com uma relação B:C (2,05), seguida pelas variedades C 306 e JW 3269.

6.3 Sugestões para trabalhos futuros

Com base nos resultados experimentais do presente inquérito, foram sugeridas as seguintes propostas de investigação

■ O estudo deve ser repetido durante, pelo menos, mais 2-3 anos para confirmar os resultados, uma vez que estes se baseiam num ensaio de um ano.

■ A agricultura biológica pode ser mais rentável se os adubos biológicos forem produzidos na exploração pelo próprio agricultor.

■ A investigação futura deve incluir também os padrões de ingestão de nutrientes.

■ É necessário desenvolver variedades que sejam economicamente viáveis e que, ao mesmo tempo, satisfaçam as necessidades qualitativas da agricultura biológica.

FOTO N.º 1 Vista arquivada

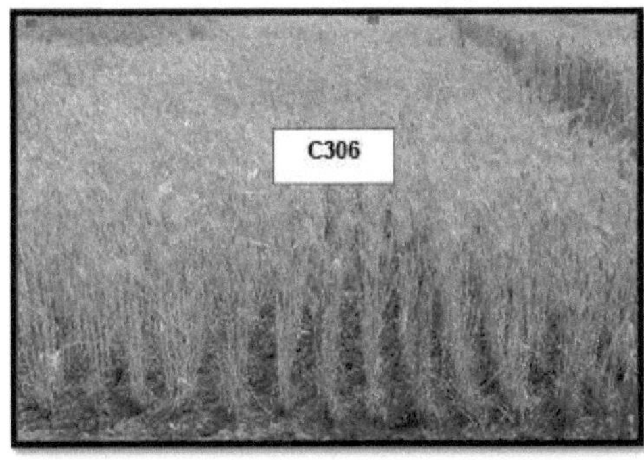

FOTO N.º 2 Variedades mais produtivas (JW 17, C 306 & JW 3269)

(a) Análise de proteínas

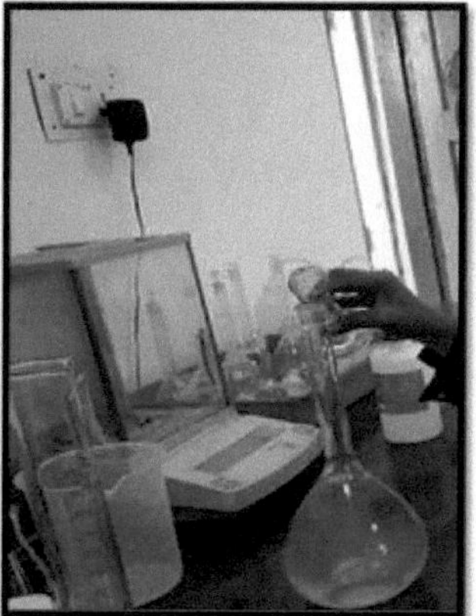

(b) Análise do glúten c) Análise do índice de sedimentação
FOTO N.º 3 Análise dos parâmetros de qualidade

BIBLIOGRAFIA

Abraham T e Lal RB. 2003. Estratégias para a tecnologia INM na gestão sustentável de edpho·cultivar para o sistema de cultivo baseado em leguminosas (grama preta-trigo-grama verde) para inceptisols em NEPZ. Pesquisa de Culturas Hisar. 26 (I): 17-25.

Anónimo. 2020. Departamento de Agricultura, MP. https://indianexpress.com/article/explained/wheat-production- procurement-punjab-madhya-pradesh-6475703.

Atiyeh RM, Arancon NQ, Edwards CA e Metzger JD. 2001. Influência do estrume de porco processado por minhocas no crescimento e produtividade da calêndula. Bioresource Technology 81: 103-108.

Bakshi AK, Singh RP, Sharma SK, Azad AS e Dhaliwal HS. 1992b. Effect of nitrogen fertilization on the incidence of yellow berry, grain yield and quality attributes in wheat. Journal Research Punjab Agriculture University. 29: 313-18.

Barlas NT, Cönkeroölu B, Unal G e Bellitürk K. 2018. O efeito de diferentes doses de vermicomposto na nutrição do trigo (Triticum vulgaris L.). Jornal da Faculdade de Agricultura de Tekirdag. 15(2): 1-4.

Behera UK, Meena JR e Sharma AR. 2009. Efeito da lavoura e da gestão de resíduos no desempenho do greengram e no sequestro de carbono num sistema de cultivo baseado no milho. 4th Congresso Mundial sobre Agricultura de Conservação, Nova Deli, Índia.

Bhardwaj V, Yadav V e Chauhan BS. 2010. Efeito dos períodos de aplicação de azoto e das variedades no crescimento e rendimento do trigo cultivado em canteiros elevados. Archieves of Agronomy and Soil Science. 56(2): 211-222.

Black CA. 1965. Método de análise do solo. Parte 1 e 2 da série agronómica n.º 9 da Sociedade Americana de Agronomia. Inc. Madison, Wisconsion, EUA.

Ceccarelli SS. 1996. Adaptação de variedades ao cultivo com baixo/alto uso de insumos. Euphytica. 92: 203-214.

Ceseviciene J, Leistrumaite A e Paplauskiene V. 2009. Rendimento e qualidade dos grãos das variedades de trigo de inverno na agricultura biológica. Agronomy Research. 7(Edição especial I): 217-223.

Channabasanagowda, Patil NK, Patil BN, Awaknavar JS, Ninganur BT e Hunje R. 2008. Efeito de adubos orgânicos no crescimento, rendimento de sementes e qualidade do trigo. Karnataka Journal of Agriculture Science. 21: 366-68.

Chapman HD e Pratt PP. 1961. Água do solo e análise de plantas. Publicação direta da Universidade da Califórnia sobre agricultura.

Charyulu DK e Biswas S. 2010. Organic input production and marketing in India - efficiency, issues, and policies. Centro de Gestão na Agricultura, Instituto Indiano de Gestão, Ahmedabad. Publicação CMA n.º 239.

Chatterjee K, Singh CS, Singh AK, Singh KA e Singh SK. 2016. Desempenho de cultivares de trigo em diferentes níveis de fertilidade sob sistema de intensificação de trigo e método convencional de sistema de produção de trigo. Jornal de Ciências Aplicadas e Naturais. 8(3): 1427-1433.

Chaturvedi I. 2006. Effects of different nitrogen levels on growth, yield and nutrient uptake of wheat (Triticum aestivum L.). Revista Internacional de Ciências Agrícolas. 2(2): 372-374.

Chondie YG. 2015. Efeito da gestão integrada de nutrientes no trigo: A review. Jornal de Biologia. Agricultura e Cuidados de Saúde. 5(13): 6877.

Colombo A, Perez GT, Ribotta PD e Leon AE. 2008. Estudo comparativo de testes físico-químicos para a previsão da qualidade de farinhas de trigo argentinas utilizadas como farinhas corretoras e para a produção de biscoitos. Journal of Cereal Science. 48: 775-780.

Davari MR, Sharma SN e Mirzakhani M. 2012. O efeito de combinações de materiais orgânicos e biofertilizantes na produtividade, qualidade do grão, absorção de nutrientes e economia na agricultura biológica de trigo. Journal of Organic Systems. 7(2): 26-35.

Davari MR e Shanna SN. 2014. Efeitos diretos, residuais e cumulativos de adubos orgânicos e biofertilizantes nos rendimentos, absorção de NPK, qualidade dos grãos e economia do trigo (Triticum aestivum L.) na agricultura orgânica do sistema de cultivo de arroz · trigo. Jornal de Sistemas Orgânicos. 9(1): 16-30.

Desai HA, Dodia IN, Desai CK, Patel MD, e Patel HK. 2015. Gestão integrada de nutrientes no trigo (Triticum aestivum L.). Tendências em Biociências. 8(2): 472-475.

De Vita P, Di Paolo E, Fecondo G, Di Fonzo N e Pisante M. 2007. Efeitos do plantio direto e da lavoura convencional no rendimento do trigo duro, na qualidade do grão e no teor de umidade do solo no sul da Itália. Soil Tillage Research. 92: 69-78.

FAO.FoodandAgricultureOrganizationoftheUnitedNations:http://www.fao.org/worldfoodsituation/csdb/en/

FAOSTAT. 2019. https://www.organicworld.net/fileadmin/documents/yearbook/2019/FiBL-2019- Crops-2017.pdf

Feledyn-Szewczyk Beata, Jonczyk-Krazysztof e Stalenga Jaroslaw. 2018. Avaliação da utilidade de novas variedades de trigo de inverno (Triticum aestivum L.) para cultivo em agricultura biológica. Jornal de Pesquisa e Aplicação em Engenharia Agrícola. 63(2): 43-49

Fredrikssan H, Salomonsoon L e Anderson R. 1998. Efeitos das caraterísticas da proteína e do amido nas propriedades de panificação do trigo cultivado por diferentes estratégias com fertilizantes orgânicos e ureia.

Ata Agriculturae Scandinavica. Secção B - Ciência dos solos e das plantas. 48(1): 49-57.

Gopinath KA, Saha S, Mina BL, Pande H, Kundu S e Gupta HS. 2008. Influência das alterações orgânicas no crescimento, rendimento e qualidade do trigo e nas propriedades do solo durante a transição para a produção biológica. Nutrient Cycling in Agroecosystems (Ciclo de Nutrientes em Agroecossistemas). 82(1): 51-60.

Hadis M, Meteke G e Haile W. 2018. Resposta do trigo para pão à aplicação integrada de vermicomposto e fertilizantes NPK. Jornal Africano de Investigação Agrícola. 13(1): 14-20.

Hammad HM, Khaliq A, Ashfaq A, Aslam M, Malik AH, Farhad W e Laghari KQ. 2011. Influência de diferentes adubos orgânicos na produtividade do trigo. Revista Internacional de Agricultura e Biologia. 13(1): 137-140.

Hiltbrunner J, Liedgensa M, Stampa P e Streit B. 2005. Effects of row spacing and liquid manure on directly drilled winter wheat in organic farming (Efeitos do espaçamento entre linhas e do estrume líquido no trigo de inverno diretamente semeado em agricultura biológica). Jornal Europeu de Agronomia. 22: 441-447

Hussain S, Sharif M, Khan S, Wahid F, Nihar H, Ahmad W e Yaseen T. 2016. Efeito de Vermicomposto e Micorriza no Rendimento e Absorção de Fósforo da Cultura de Trigo. Sarhad Journal of Agriculture. 32(4): 372-381.

Ibrahim M, Hassan A, Iqbal M, e Valeem EE. 2008. Resposta do crescimento e rendimento do trigo a vários níveis de composto e adubo orgânico. Jornal de Botânica do Paquistão. 40(5): 2135-2141.

IIWBR. Instituto Indiano de Investigação do Trigo e da Cevada:

https://iiwbr.icar.gov.in/diretor-desk/

Jat HS, Datta A, Sharma PC, Kumar V, Yadav AK, Choudhary M, e Yaduvanshi, NPS. 2018. Avaliação das propriedades do solo e disponibilidade de nutrientes sob práticas de agricultura de conservação em solo sódico recuperado em sistemas baseados em cereais do noroeste da Índia. Arquivos de Agronomia e Ciência do Solo. 64(4): 531-545.

Jain P, Sharma RC, Bhattacharyya P e Banik P. 2014. Efeito do novo suplemento orgânico (Panchgavya) na germinação de sementes e na qualidade do solo. Monitorização e avaliação ambiental. 186(4): 1999-2011.

Kaur C. 2017. Desempenho de variedades de trigo em condições de sementeira tardia e muito tardia. Revista Internacional de Microbiologia Atual e Ciências Aplicadas. 6(9): 3488-3492.

Kaur M, Mehta M, Gupta SK, Singh D e Singh RP. 2006. Protein content and quality of bread wheat grains as affected by FYM and nitrogen management. Crop Improvement. 33: 125-130.

Khan A, Khan A, Li JC, Ahmad MI, Sher A, Rashid A e Ali W. 2017. Avaliação do desempenho varietal do trigo sob diferentes fontes de nitrogênio. Jornal Americano de Ciência das Plantas. 8: 561573.

Kharub AS e Chander S. 2008. Effect of organic farming on yield, quality and soil fertility status under basmati rice (Oryza sativa)-wheat (Triticum aestivum) cropping system. Jornal Indiano de Agronomia. 53(3): 172-177.

Konvalina P, Moudryjr. J, Capouchová I e Moudry J. 2009. Qualidade de suporte das variedades de trigo de inverno em agricultura biológica. Agronomy Research.7(Special issue II): 612-617.

Kumar A e Bohra B. 2006. A tecnologia verde em relação à agricultura sustentável. In: Kumar A. e Dubey P. (eds) Green Technologies for sustainable agriculture. Daya Publishing House, Delhi. pp. 1-16.

Kumar KC, Halepyati AS e Desai BK. 2004. Effect of organic manures and micronutrients on chlorophyll content and leaf area duration of wheat (Efeito de adubos orgânicos e micronutrientes no teor de clorofila e na duração da área foliar do trigo). Revista indiana de fisiologia vegetal. 9(1): 98-99.

Kumar M. 2018. Desempenho de variedades de arroz e trigo para maior produtividade no sistema arroz-trigo em agricultura biológica. Tese, Universidade de Agricultura de Birsa, Ranchi. pp105.

Kumar P, Yadava RK, Gollen B, Kumar S, Verma RK e Yadav S. 2011. Conteúdo nutricional e propriedades medicinais do trigo: uma revisão. Investigação em Ciências da Vida e Medicina. 22(1): 1-10.

Kumar S, Sohu VS e Bains NS. 2018. Desempenho agronómico das variedades de trigo indianas e dos stocks genéticos conhecidos pelas excelentes caraterísticas de qualidade do chapatti. Jornal de Ciências Aplicadas e Naturais. 10 (1): 149-157.

Lalitha R, Fathima K, Ismail SA (2000). O impacto de biopesticidas e fertilizantes microbianos na produtividade e crescimento de Abelmoschus esculentus. Vasundara a Terra. (1-2): 4-9.

Lal RB. 1984. Response of dwarf durum and aestivum wheat varieties to nitrogen. Indian Journal of Agronomy. 29: 341-350.

Math SKN, e Trivedi BS. 2000. Efeito das alterações orgânicas e do Zn no rendimento, teor e absorção de Zn pelo trigo e milho cultivados em sucessão. Madras Agricultural Journal. 87 (1-3): 108-113.

Maqsood M, Shehzad MA, Yaser R e Sattar A. 2014. Efeito do nitrogênio no crescimento, rendimento e eficiência do uso da radiação de diferentes cultivares de trigo (Triticum aestivum L.). Jornal paquistanês de ciências agrícolas. 51(2): 441-448.

Mares D e Mrva K. 2008. Revisão: A-amilase de maturidade tardia: Baixo número de queda no trigo na ausência de germinação antes da colheita. Journal of Cereal Science. 47: 6-17.

Meena RK, Singh YV, Nath CP, Bana RS e Lal B. 2013. Importância, perspectivas e constrangimentos da agricultura biológica na Índia. Popular Kheti. 1(4): 26-31.

Mishra BK, Gupta RK e Ram S. 1998. Protocolos para a avaliação da qualidade do trigo. DWR, Karnal, Índia. pp 1-60.

Mukherjee D. 2012. Efeito de diferentes datas de sementeira no crescimento e rendimento de cultivares de trigo (Triticum aestivum) em situação de meia encosta de Bengala Ocidental. Jornal Indiano de Agronomia. 57(2):152-156.

Murphy KM, Campbell KG, Lyon SR e Jones SS. 2007. Evidência de adaptação varietal a sistemas de agricultura biológica. Field Crops Research. 102: 172-177.

Nag K, Choudhury A e Singha Roy AK. 2006. Effect of Bio, organic and inorganic sources of nutrients on growth and yield of late sown wheat and its residual effect on forder cowpea. Environment and Ecology. 24(3): 719-721.

Nandeha N e Kewat ML. 2018. Avaliação de preparações bio-orgânicas no rendimento de variedades de trigo Sharbarti sob o planalto de Kymore e a zona de Satpura Hill de Madhya Pradesh. Jornal Internacional de Microbiologia Atual e Ciências Aplicadas. 7(6): 619-626.

Nichiporovich AA. 1967. Objectivos da investigação sobre a fotossíntese das plantas como fator de produtividade in: Nichiporovich, AA (Ed).Fotossíntese do sistema produtivo Israel Programme Sci.Trans, Jerusalém. pp 3-36.

Olsen SR, Cole CV, Watanabe e Dean LA. 1954. Estimativa do P disponível no solo por extração com NaHCO3 USDA. Circular n.º 939.

Panse VG e Sukhatme PV. 1967. Statistical Methods for Agriculture Workers. ICAR New Delhi. pp 199-202.

Panwar IS, Redhu, Verma SR, Karwasra SS, Bishnoi OP e Arya RK. 2013. Uma nova variedade de trigo para condições de irrigação semeada atempadamente na zona das planícies do noroeste da Índia. Journal of wheat Research. 5 (2):74-75.

Patil VS e Bhilare RL. 2000. Effect of vermicompost prepared from different organic sources on growth and yield of wheat (Efeito do vermicomposto preparado a partir de diferentes fontes orgânicas no crescimento e rendimento do trigo). Jornal das Universidades Agrícolas de Maharashtra. 25(3): 305-306.

Piper CS. 1967. Análise de solos e plantas. Hons. Editora Bombaim

Prasad R. 2005. Sistema de cultivo de arroz-trigo. Avanços da Agronomia. 86: 255-339.

Sandhu, Singh B e Dhaliwal NS. 2017. Desempenho comparativo de cultivares de trigo no distrito de Muktsar de Punjab. Jornal de Investigação Avançada de Melhoramento de Culturas. 8(2): 186-190.

Sardana V, Sharma SK e Randhwa AS. 2002. Performance of wheat (Triticum aestivum) varieties under different sowing dates and Nitrogen levels in the sub-montane region of Punjab. Indian Journal of Agronomy. 47(3): 372-377.

Sarwar G, Schmeisky H, Hussain N, Muhammad S, Ibrahim M e Safdar E. 2008. Melhoria das propriedades físicas e químicas do solo com a aplicação de composto no sistema de cultivo de arroz e trigo. Jornal de Botânica do Paquistão. 40(1): 275-282.

Shah Z e Ahmad MI. 2006. Efeito da utilização integrada de estrume de quintal e ureia no rendimento e na absorção de azoto do trigo. Jornal de ciências agrícolas e biológicas. 1(1): 60-

65.
Sharma SK e Jain NK. 2004. Nutrient management in wheat based cropping system in sub humid southern zone of Rajasthan. Indian Journal of Agronomy. 59(1): 26-33.

Shivay YS, Prasad R e Rahal A. 2010. Estudos sobre alguns parâmetros de qualidade nutricional do trigo cultivado de forma biológica ou convencional. Cereal Research Community. 38: 345-52.

Shwetha BN. 2008. Efeito da gestão de nutrientes através de produtos orgânicos no sistema de cultivo soja-trigo. Tese de Mestrado (Agri.), Universidade de Ciências Agrícolas, Dharwad, Índia.

Singh B e Yadav S. 2006. Plant Foods for Human Nutrition (Alimentos vegetais para a nutrição humana). 34: 253.

Singh D e Kaur M. 2004. Effect of nitrogen and FYM management on grain yield and some quality parameters of wheat (Triticum aestivum L.). Journal of Research Punjab Agriculture University. 41: 439441.

Singh J e Singh KP. 2005. Effect of organic manures and herbicides on yield and yield attributing characters of wheat. Indian Journal of Agronomy. 50(4): 289-291.

Singh IP e Grover DK. 2011. Economic Viability of Organic Farming: An Empirical Experience of Wheat Cultivation in Punjab. Agricultural Economics Research Review. 24: 275- 281.

Singh R e Agarwal SK. 2001. Analysis of growth and productivity of wheat (Triticum aestivum L.) in relation to levels of FYM and nitrogen. Indian Journal of Plant Physiology. 6(3): 279-283.

Singh RR e Rai B. 2007. Efeito de fertilizantes químicos, adubos orgânicos e emendas de solo na produção e economia do sistema de cultivo de arroz-trigo. Research on Crops. 8(3): 530-532.

Stockdale EA, Lampkin NH, Hovi M, Keatinge R, Lennartssen, EKM, Mac Donald, DW, Padel S, Tattersall FH, Woffe MS e Watson CA. 2001. Implicações agronómicas e ambientais dos sistemas de agricultura biológica. Advances in Agronomy. 70: 261-327.

Subbiah BV e Asijia GL. 1956. Um procedimento rápido para a estimativa do N disponível em soli. Current Science. p 25.

Sushila R e Gajendra, GI. 2000. Influência do estrume de curral, do azoto e dos biofertilizantes no crescimento, nos atributos de rendimento e no rendimento do trigo (Triticum aestivum) sob abastecimento limitado de água. Indian Journal of Agronomy. 45(3): 590-595.

Ramesh P, Singh M e Singh AB. 2005. Performance of macaroni (Triticum durum) and bread wheat (Triticum aestivum) varieties with organic and inorganic source of nutrients under limited irrigated conditions of Vertisols. Indian Journal of Agricultural Science. 75: 823-825.

Revilla P, Landa L, Rodriguezi VM, Romay Q e Malvar RA. 2008. Milho para pão em agricultura biológica. Revista Espanhola de Investigação Agrária. 6(2): 241-247.

Verma NS. 2015. Desempenho agronómico de novas variedades de trigo em diferentes datas de sementeira no Norte de Madhya Pradesh. Tese, M.Sc. (Agronomia), Faculdade de Agricultura, Rajmata Vijayaraje Sindia Krishi Vishwa Vidyalaya, Gwalior (M.P.). pp 123.

Walkey A e Black CA. 1934. Uma experiência sobre o método de retardo reff para determinar a matéria orgânica do solo do método de titulação de ácido crônico. Journal of Agricultural Science. 37(1): 29-38.

Yadav SK, Sharma SK, Choudhary R, Jain NK e Jat G. 2020. Desempenho do rendimento e economia das variedades de trigo em agricultura biológica. Indian Journal of Agricultural Sciences. 90(11): 185192.

Yasin MA, Ashfaq M, Adil SA e Bakhsh K. 2014. Eficiência de lucro da produção de trigo orgânico vs convencional na zona de arroz-trigo de Punjab. Jornal paquistanês de investigação agrícola (Lahore). 52 (3): 439452.

APÊNDICE

APÊNDICE- 1

Procedimento para o cálculo do custo de cultivo por hectare de superfície Apêndice I
Custo das despesas comuns

S. Não.	Dados ou entradas	Taxa	Quantidade	Custo (Rs.)
A.	**Preparação do terreno**			
1.	Lavoura,	500 Rs/hr	2 passe	1000
2.	Angustiante	500 Rs/hr	2 passe	1000
3.	Nivelamento	250 Rs/hr	1 passe	250
B.	**Sementes e sementeiras**			
1.	Custo das sementes	36,50 Rs/kg	100 kg	3650
2.	Tratamento de sementes			500
3.	Semeadura	250/dia	10 dias de trabalho	2500
4.	Preenchimento de lacunas	250/dia	1 Homem dia	250
C.	**Gestão dos nutrientes**			
	$1/3^{rd}$ N através de cada um dos FYM + Bagaço de Neem + Vermicomposto e fosfato de rocha com cargas de aplicação		120 kg N+60 kg P2O5+40 kg K2O	24250
D.	**Irrigação com taxas de aplicação**	1OO/irrigação	5	5000
E.	**Monda aos 30 e 60 DAS**	250/dia	20 dias de trabalho	5000
F.	**Colheita, enfardamento e transporte**	250/dia	20 dias de trabalho	5000
G.	**Aluguer de debulhadoras e ceifeiras debulhadoras**	250/dia 200/hr	4 dias de trabalho 8 horas	1000 1600
	TOTAL			51000
H.	**6% de juros sobre o fundo de maneio**			1530
I.	**Aluguer de terrenos**	10000 Rs/ha/ano	6 meses	5000
	TOTAL GERAL			57530

Preço do produto (grãos 2750 Rs q^{-1} palha 3 Rs kg)$^{-1}$

Apêndice- II Pormenores do custo da gestão dos nutrientes para todos os tratamentos

Gestão de nutrientes *	Quantidade	Custo (Rs)	Custo total (por ha)
FYM	8 toneladas	1OO Rs/tonelada	8000
VERMICOMPOSTO	2,5 toneladas	5000 Rs/tonelada	12500
BOLO DE NEEM	0,25 tonelada	15000 Rs/tonelada	3750

	TOTAL	24250

*Nota - (1/3rd N através de cada um dos FYM, Vermicomposto e Bolo de Neem)

APÊNDICE- 2

Soma média do quadrado de diferentes parâmetros de crescimento (população de plantas, altura da planta, número de perfilhos, número de folhas, área foliar, índice de área foliar, produção de matéria seca)

Apêndice- III Soma média dos quadrados da população de plantas

Fonte de variação	d.f.	População de plantas m^2	
		15 DAS	Colheita
Replicação	2	11.57	86.36
Tratamento	11	1.65	5.79
Erro	22	17.70	22.53

Apêndice- IV Soma média dos quadrados da altura das plantas

Fonte de variação	d.f.	Altura da planta (cm)			
		30 DAS	60 DAS	90 DAS	Colheita
Replicação	2	1.56	6.15	383.01	361.85
Tratamento	11	12.34	57.24	51.60	50.12
Erro	22	1.91	4.89	10.46	9.07

Apêndice- V Soma média do quadrado do número de perfilhos

Fonte de variação	d.f.	Número de Ofícios m^2			
		30 DAS	60 DAS	90 DAS	Colheita
Replicação	2	20.24	321.61	183.87	1.37
Tratamento	11	1823.38	3754.57	3851.33	3816.10
Erro	22	55.09	184.63	142.54	189.56

Apêndice- VI Soma média dos quadrados do número de folhas

Fonte de variação	d.f.	Número de folhas descaídas^{-1}		
		30 DAS	60 DAS	90 DAS
Replicação	2	13.91	0.46	0.96
Tratamento	11	5.33	8.61	10.30
Erro	22	0.84	2.61	2.86

Apêndice- VII Soma média do quadrado da área foliar

Fonte de variação	d.f.	Área foliar planta^{-1}		
		30 DAS	60 DAS	90 DAS
Replicação	2	44.32	107.48	805.51
Tratamento	11	439.71	1473.44	2430.15
Erro	22	35.79	80.28	505.17

Apêndice- VIII Soma média dos quadrados do índice de área foliar (LAI)

Fonte de variação	d.f.	Índice de área foliar (LAI)		
		30 DAS	60 DAS	90 DAS
Replicação	2	0.01	0.03	0.26

Tratamento	11	0.15	0.49	0.82
Erro	22	0.01	0.02	0.16

Apêndice- IX Soma média dos quadrados da produção de matéria seca

Fonte de variação	d.f.	Produção de matéria seca g m^2			
		30 DAS	60 DAS	90 DAS	Colheita
Replicação	2	24.37	45.27	1843.12	250555.12
Tratamento	11	422.25	7443.01	31476.55	45573.28
Erro	22	39.62	306.21	4756.43	5513.28

Apêndice- X Soma média dos quadrados de diferentes caracteres de rendimento (perfilhos efectivos, comprimento da cabeça da espiga, grãos por cabeça da espiga, peso de ensaio)

Fonte de variação	d.f.	Perfilhadores efectivos nτ^2	Comprimento da cabeça da orelha (cm)	Número de grãos espiga/cabeça	Peso de ensaio (g)
Replicação	2	36.58	55.10	0.78	0.09
Tratamento	11	3891.17	4.68	70.69	5.05
Erro	22	159.69	1.05	6.99	2.02

Apêndice- XI Soma média dos quadrados dos diferentes parâmetros de qualidade

Fonte de variação	d.f.	Teor de proteínas (%)	Teor de glúten seco (%)	Valor de sedimentação (ml)
Replicação	2	0.02	0.01	32.99
Tratamento	11	1.53	5.37	262.41
Erro	22	0.08	0.03	14.19

Apêndice- XII Rendimento biológico, de grãos e de palha (por parcela) de diferentes variedades de trigo sob gestão orgânica de nutrientes

Tratamento	Variedades	Rendimento biológico (kg/parcela)	Rendimento de grãos (kg/parcela)	Rendimento de palha (kg/parcela)
Ti	JW 17	23.69	10.82	12.87
T$_2$	JW 3020	19.61	8.47	11/14
T$_3$	JW 3173	20.64	8.94	11.70
T$_4$	JW 3269	22.73	10.15	12.58
T$_5$	JW 3288	22.26	9.89	12.37
T$_6$	C 306	23.17	10.44	12.73
T$_7$	HI 1500	21.76	9.61	12/15
T$_8$	HI 1531	19.74	8.70	11.04
T$_9$	HI 1418	18.72	7.99	10.74
T$_{10}$	HD 2987	21.38	9.38	12.00
T11	HW 2004	21.00	9.16	11.84

T12	HD 4672	19.21	8.23	10.98
	SEm ±	0.53	0.23	0.29
	CD a 5%	1.57	0.67	0.86

Apêndice - XIII Rendimento médio biológico, de grãos e de palha (por hectare) de diferentes variedades de trigo sob gestão orgânica de nutrientes

Tratamento	Variedades	Rendimento biológico (kg ha)[1]	Rendimento de grãos (kg ha)[1]	Rendimento da palha (kg ha)[1]
T₁	JW 17	8294	3787	4507
T₂	JW 3020	6867	2965	3902
T₃	JW 3173	7225	3130	4096
T₄	JW 3269	7959	3553	4406
T₅	JW 3288	7794	3464	4330
T₆	C 306	8114	3655	4459
T₇	HI 1500	7620	3366	4254
T₈	HI 1531	6912	3045	3867
T₉	HI 1418	6556	2796	3760
T₁₀	HD 2987	7486	3286	4200
T11	HW 2004	7352	3207	4145
T12	HD 4672	6726	2881	3845
	SEm ±	185.62	79.38	102.23
	CD a 5%	547.92	233.94	301.79

Apêndice- XIV Economia de acordo com os diferentes tratamentos

Tratamentos	Variedades	Custo de cultivo (Rs ha)[1]	Rendimento bruto (Rs ha)[1]	Rendimento líquido (Rs ha)[1]	Rácio B:C
T₁	JW 17	57530	117662	60132	2.05
T₂	JW 3020	57530	93253	35723	1.62
T₃	JW 3173	57530	98369	40839	171
T₄	JW 3269	57530	110934	53404	1.93
T₅	JW 3288	57530	108262	50732	1.88
T₆	C 306	57530	113890	56360	1.98
T₇	HI 1500	57530	105330	47800	1.83
T₈	HI 1531	57530	95339	37809	1.66
T₉	HI 1418	57530	88170	30640	1.53
T₁₀	HD 2987	57530	102965	45435	179
T11	HW 2004	57530	100618	43088	175
T12	HD 4672	57530	90772	33242	1.58

MIX
Papier aus verantwortungsvollen Quellen
Paper from responsible sources
FSC® C105338

Printed by Books on Demand GmbH, Norderstedt / Germany